Corin Bieri

Paläobotanische Untersuchungen am Mammuttorf von Niederweningen

AF138546

Corin Bieri

Paläobotanische Untersuchungen am Mammuttorf von Niederweningen

Eine Makrorestanalyse der Torf- und Gyttia-Schichten aus einem Bohrkern von 2007

Reihe Realwissenschaften

Impressum / Imprint

Bibliografische Information der Deutschen Nationalbibliothek: Die Deutsche Nationalbibliothek verzeichnet diese Publikation in der Deutschen Nationalbibliografie; detaillierte bibliografische Daten sind im Internet über http://dnb.d-nb.de abrufbar.

Alle in diesem Buch genannten Marken und Produktnamen unterliegen warenzeichen-, marken- oder patentrechtlichem Schutz bzw. sind Warenzeichen oder eingetragene Warenzeichen der jeweiligen Inhaber. Die Wiedergabe von Marken, Produktnamen, Gebrauchsnamen, Handelsnamen, Warenbezeichnungen u.s.w. in diesem Werk berechtigt auch ohne besondere Kennzeichnung nicht zu der Annahme, dass solche Namen im Sinne der Warenzeichen- und Markenschutzgesetzgebung als frei zu betrachten wären und daher von jedermann benutzt werden dürften.

Bibliographic information published by the Deutsche Nationalbibliothek: The Deutsche Nationalbibliothek lists this publication in the Deutsche Nationalbibliografie; detailed bibliographic data are available in the Internet at http://dnb.d-nb.de.

Any brand names and product names mentioned in this book are subject to trademark, brand or patent protection and are trademarks or registered trademarks of their respective holders. The use of brand names, product names, common names, trade names, product descriptions etc. even without a particular marking in this works is in no way to be construed to mean that such names may be regarded as unrestricted in respect of trademark and brand protection legislation and could thus be used by anyone.

Coverbild / Cover image: www.ingimage.com

Verlag / Publisher:
AV Akademikerverlag
ist ein Imprint der / is a trademark of
OmniScriptum GmbH & Co. KG
Heinrich-Böcking-Str. 6-8, 66121 Saarbrücken, Deutschland / Germany
Email: info@akademikerverlag.de

Herstellung: siehe letzte Seite /
Printed at: see last page
ISBN: 978-3-639-49800-4

Inhalt

Abbildungsverzeichnis 3
Tabellenverzeichnis 3
Glossar 4

Zusammenfassung 7

1   Einleitung 9
    1.1   Problemstellung & Zielsetzung 12
    1.2   Hypothesen 12
    1.3   Fragestellungen 13
    1.4   Vorgehen 13

2   Material und Methoden 14
    2.1   Paläobotanische Methoden zur Datenerhebung 14
        2.1.1 Schlämmen 14
        2.1.2 Mikroskopieren und Auslesen 15
        2.1.3 Bestimmen und Zählen der Pflanzenreste 16
    2.2   Methoden der Datenauswertung 17
        2.2.1 Auswertung mittels Aktualitätsprinzip 17
        2.2.2 Statistische Auswertung 18

3   Ergebnisse 19
    3.1   Die Geologie des Wehntals 19
        3.1.1 Das geologische Profil der Bohrung NW2/07 im Vergleich
             mit NW1/07 19
        3.1.2 NW2/07 im Vergleich mit NW/03, NW/04 und NW/09 22
    3.2   Ergebnisse der Makrorestanalyse 27
        3.2.1 Die genauere Bestimmung einzelner Samen und eines
             Faunenelements 28
             3.2.1.1   Laichkräuter 28
             3.2.1.2   Tausendblatt 29
             3.2.1.3   Seggen 29
             3.2.1.4   Birken 31
             3.2.1.5   Wasserfloh 32
        3.2.2 Die soziologischen Pflanzengruppen 32

      3.2.2.1   Fluthahnenfuss-, Laichkraut- und Schwimmblatt-
gesellschaften des Süsswassers 35

      3.2.2.2   Nordische Zwischenmoor- und Schlenken-
Gesellschaften.. 38

      3.2.2.3   Carex in Scheuchzerio-Caricetea fuscae,
Phragmitetea oder Querco-Fagetea?............................ 39

      3.2.2.4   Nadelwald- und Moorwald-Gesellschaften 41

      3.2.2.5   Moose 42

      3.2.2.6   Fauna 42

    3.2.3 Die Pflanzengesellschaften und ihr Klima........................... 43

    3.2.4 Die phytosoziologischen Gruppen von NW2/07 im Vergleich
mit NW/03 und NW/04... 44

4   Diskussion **45**

5   Schlussfolgerungen.. **51**

Literatur.. **53**

Anhang **58**

  A) Schlämmprotokoll 58

  B) Rohdatentabelle NW2/07 59

Abbildungsverzeichnis

Abb. 1: Übersichtsplan der Gemeinde Niederweningen 10
Abb. 2: Stratigrafisches Profil NW2/07 20
Abb. 3: Stratigrafisches Profil NW1/07 21
Abb. 4: Baugruben-Profil mit eingezeichnetem Profilschnitt NW/03 23
Abb. 5: Stratigrafisches Profil NW/03 24
Abb. 6: Stratigraphisches Profil NW/04 25
Abb. 7: Baugruben-Profil mit eingezeichnetem Profilschnitt NW/04 26
Abb. 8: Stratigraphisches Profil NW/09 27
Abb. 9: Nomenklatur eines Laichkraut-Samens 28
Abb. 10: Samen von A) *Potamogeton alpinus*, B) *Potamogeton filiformis*,
C) *Potamogeton obtusifolius*, D) *Potamogeton berchtoldii* 28
Abb. 11: A) *Myriophyllum alterniflorum*, B) *Carex,* tricarpellate Frucht,
C) *Carex,* bicarpellate Frucht 29
Abb. 12: A) Fruchtschuppe *Betula* cf. *nana*, B) Frucht mit fast vollständig
erhaltenen Flügeln von *Betula* cf. *nana*, C) Früchte ohne Flügel
von *Betula* cf. *pubescens* 31
Abb. 13: Ephippium von *Cladocera* 32
Abb. 14: Wasserfloh mit Brut-Beutel (Ephippium) 32
Abb. 15: Querschnitt durch eine See-Uferzone eines verlandenden Sees 36

Tabellenverzeichnis

Tab. 1: Mögliche Carex-Arten mit ihrer Ökologie 30
Tab. 2: Übersicht über die in dieser Arbeit besprochenen
phytosoziologischen Gruppen 33
Tab. 3: Die phytosoziologischen Gruppen von NW2/07 .... 34/35
Tab. 4: Alle Arten von *Ranunculus* Sect. *Batrachium* und *Callitriche* sp.
mit den ihnen zugeordneten phytosoziologischen Gruppen 37
Tab. 5: Mögliche Carex-Arten und ihre Soziologien 40
Tab. 6: Artenvorkommen von NW2/07 in den drei Gyttia-Schichten I – III 47

Glossar

Archäobotanik	Untersucht beabsichtigte und unbeabsichtigte Wechselwirkungen zwischen Menschen und Pflanzen in historischer und prähistorischer Zeit.*
benthische Lebensweise	am Boden von Gewässern festsitzend oder im bzw. auf dem Boden lebend*
bicarpellate Früchte	zweiseitige, im Querschnitt flache, bikonvexe Früchte (Berggren 1969: 19)
Biotop	Lebensraum oder Standort mit bestimmten Bedingungen für die Existenz und das Gedeihen von Organismen*
boreal	pflanzengeografische Bezeichnung für ein überwiegendes oder ausschliessliches Vorkommen im nördlichen Eurasien und nördlichen Nordamerika*
BP	„before present": Altersangabe in Jahren vor heute, Bezugszeitpunkt ist das Jahr 1950 (Brunotte et al. 2001: 8)
Diapir	Gesteinskörper, der aufgrund von höherer Teilbeweglichkeit oder geringerer Dichte aus tieferen Bereichen aufsteigt und die darüber liegenden Schichten durchdringt (Brunotte et al. 2001: 252).
eutroph	auf Gewässer bezogen, reich an Nährstoffen (Sauermost 2000: 273)
Eutrophierung	Überdüngung von Boden und Gewässern durch überhöhten Nährstoffeintrag. Sie bewirkt ein verstärktes Pflanzenwachstum und eine Sauerstoffverarmung im Wasser.*
Glazialrefugium	Ort, an welchem Pflanzen während den Kaltzeiten überdauern konnten (Burga & Perret 1998: 32).
Gyttia	Halbfaulschlamm; Entsteht am Gewässergrund bei beschränktem Sauerstoffzutritt. Es verwesen nur die leichter zersetzlichen Stoffe (Eiweisse).*
hygrophil	feuchtigkeitsliebend*
in situ	an Ort und Stelle (entstanden / abgelagert)
Interstadial	Schwächere Wärmeschwankung innerhalb einer Kaltzeit während des Eiszeitalters (Brunotte et al. 2001: 297)

Lithostratigrafie	Untersucht die relative Bildungsfolge von Schichten (Brunotte et al. 2002: 302) und die verschiedenen Gesteins-Zusammensetzungen
mesotroph	Gewässer mit einem mittleren Gehalt an gelösten Nährstoffen und organischer Substanz (Sauermost 2000: 192)
Ökologie einer Pflanze	Wissenschaft von den Beziehungen einer Pflanze zu anderen Organismen und zu ihrer Umwelt[*]
oligotroph	Bezeichnung für Gewässer, die aufgrund ihres geringen Nährstoffangebots eine geringe organische Produktion aufweisen (Sauermost 2002: 234)
Oogonium	Mutterzelle, in der die Eizellen gebildet und befruchtet werden[*]
palynologisch	pollenanalytisch
parthogenetisch	aus unbefruchteten Eiern entstehend, eingeschlechtliche Fortpflanzung (Sauermost 2002: 399)
Perigynium	Fruchtsack (Sauermost 2002: 449)
Phytosoziologie	Wissenschaft von den Pflanzengesellschaften und ihren Beziehungen zur Umwelt[*]
planktische Lebensweise	im Freiwasserraum lebend, mit den Wasserbewegungen passiv treibend[*]
Pleistozän	wird heute mit dem Eiszeitalter gleichgesetzt und dauerte von 1.6 Mio. bis ~10'000 Jahre vor heute (Brunotte et al. 2002: 58, 91-92)
rezent	gegenwärtig, in der Gegenwart oder unter gegenwärtigen ökologischen Bedingungen stattfindend bzw. gebildet (Leser 2005: 764)
Stratigrafie	Lehre von der Abfolge der Schichten, ihrer Altersbeziehungen, organischen Reste und Materialunterschiede (Brunotte et al. 2002: 302)
submers	untergetaucht, unter Wasser lebend[*]
tricarpellate Früchte	dreiseitige, im Querschnitt dreieckige Früchte (Berggren 1969: 20)
Valven	Teil des Eilegeapparats der Insekten (Sauermost 2004: 147)

---

[*] Aus Schubert & Wagner (2000): Botanisches Wörterbuch.

Zusammenfassung

Die Geschichte der Mammutfunde in Niederweningen beginnt bereits 1890. Bei Bauarbeiten eines Bahndammes wurden erstmals Mammutknochen eingebettet in einer Torfschicht gefunden. Im Jahr 2003 kamen bei Bauarbeiten erneut Mammutknochen in Torf zum Vorschein. Dies war der Auslöser für ein interdisziplinäres wissenschaftliches Projekt, welches zum Ziel hat, die Entstehungs- und Klimageschichte des Wehntals zu erforschen. Im Rahmen dieses Projektes wurde im Jahr 2007 in Niederweningen eine Kernbohrung veranlasst. Das Torf- bzw. Gyttia-Material der Bohrung wurde in dieser Arbeit mittels Makrorestanalyse untersucht.

Die Makrorestanalyse wurde nach Jacomet & Kreuz (1999) vorgenommen: Erst wurden die Gyttia-Proben durch Schlämmen aufbereitet und anschliessend die Makroreste ausgelesen. Danach konnten die bestimmten Pflanzenarten bzw. –gattungen nach Oberdorfer (2001) heute gültigen pflanzensoziologischen Gruppen zugeordnet werden.

Die Gyttia-Schichten enthalten Samen verschiedener Unterwasserpflanzen der phytosoziologischen Gruppe Potamogetonetalia, Samen von Sumpfpflanzen der Gruppe Scheuchzerietalia palustris, Früchte von Seggen, welche aus den Klassen Scheuchzerio-Caricetea fuscae, Phragmitetea oder Querco-Fagetea stammen und Birkenreste (Piceetalia abietis). Neu konnten die Laichkraut- und Tausendblatt-Samen bis auf die Art bestimmt und der Wasserfloh nachgewiesen werden. Durch die phytosoziologischen Gruppen lässt sich die Vegetation in Niederweningen während der Mittelwürm-Zeit rekonstruieren. Es handelte sich um ein Zwischenmoor mit kleinräumigen Variationen in der Vegetationsdecke – offene Wasserflächen wechseln sich mit Seggen-Moor und vereinzelten Baumgruppen ab.

Die Makrorestanalyse zeigt unterschiedliche Floren für die Gyttia-Schichten auf: Mit zunehmender Tiefe hat es keine Wasserpflanzen mehr, d.h. es wird trockener. Die Unterschiede beruhen möglicherweise auf klimatischen Änderungen während des Mittelwürm oder ergeben sich daraus, dass nicht alle Gyttia-Schichten in situ abgelagert wurden.

Die rekonstruierte Paläoflora ist derjenigen des untersuchten „Mammuttorfes" aus der Baugrube 2003 sehr ähnlich. Die Gyttia-Schichten aus der Bohrung 2007 sind jedoch artenärmer, enthalten weder Kieferngewächse, Gebüsch- oder Waldrandvegetation, noch Pflanzen aus Wiesengesellschaften. Zudem ist in diesen Gyttia-Schichten gegenüber 2003 keine Florenabfolge bzw. das typische Fichten-Interstadial nicht nachweisbar. Die durchgeführte Makrorestanalyse spricht demzufolge weder dafür noch dagegen, dass es sich um denselben „Mammuttorf" handelt. Die Korrelation der

Torfschichten in den verschiedenen Baugruben bzw. Bohrungen erfolgt bis heute nur aufgrund von Altersdatierungen.

Der Vergleich der stratigrafischen Profile aller neueren Baugruben (2003, 04) und Bohrungen (2007, 09) zeigt kleinräumige Unterschiede: So wird für die Bohrungen von 2007, welche nur wenige Meter voneinander entfernt abgeteuft wurden, der Einfluss eines Baches angenommen, da ihre Profile einen wesentlichen Unterschied aufweisen.

Die Entschlüsselung der glazialen Geschichte des Wehntals ist mit dieser Arbeit nicht abgeschlossen und wird weiter andauern.

1   Einleitung

Diese Arbeit steht in Bezug zu einem grösseren SNF[1]-Projekt mit dem Titel: „Glaciation history and environmental evolution of overdeepend valleys in the northern Alpine Foreland: A deep drill hole at the mammoth site in Niederweningen, northern Switzerland." Das Ziel des Projektes ist es, die Entstehungs- und Klimageschichte eines glazial übertieften Beckens zu entschlüsseln. Die im Rahmen dieser Arbeit durchgeführte Makrorestanalyse soll zu dieser Entschlüsselung beitragen.

Untersucht werden Torf- bzw. Gyttia-Schichten, die während der Würmeiszeit abgelagert wurden. Das Material stammt aus einer Kernbohrung von 2007, welche im Zusammenhang mit einer ganzen Reihe neuerer Ausgrabungen und Bohrungen steht.

Bereits 1890/91 wurden in Niederweningen erste Torf- bzw. Mammut-Funde gemacht. Für den Bau des Bahndammes hat man südwestlich der zu erstellenden Bahnlinie zwei bis vier Meter mächtige, kiesige Ablagerungen des Dorfbach-Schuttfächers abgetragen (Schlüchter 1988: 99). Darunter kamen nach Lang (1892, zit. in: Schlüchter 1988: 99-100) Lehm und Torf zum Vorschein, in welchen reiche Knochenfunde gemacht wurden, unter anderem von mindestens fünf Mammut-Alttieren und einem Kalb.

Um vegetationskundliche und palynostratigrafische Erkenntnisse zu gewinnen, wurden 1983 in Niederweningen unmittelbar neben der Knochenfundstelle von 1890/91 zwei Bohrungen vorgenommen. Welten (1988: 32) beschreibt für die obersten zehn Meter beider Bohrungen die Erdgeschichte der letzten etwa 120'000 Jahre: Beginnend mit der letzten Warmzeit (Eem-Interglazial), welcher die Torfschicht zugeordnet wird, gefolgt von der Frühwürm-Zeit mit drei Fichten-Interstadialen, der trockenkalten Mittelwürm-Zeit (zwischen etwa 55'000 und 25'000 BP) und der kalten Zeit des späten Würm-Maximums (zwischen 25'000 und 16'000 BP). 1985 wurde in unmittelbarer Nähe zu den 83er-Bohrungen eine Sondierungsbohrung für ein Bauvorhaben durchgeführt, welche die früher angetroffenen Abfolgen bestätigt. Es treten nach Schlüchter (1988: 103) erstmals zwei Torfschichten auf, wobei die obere aufgrund ihrer Tiefenlage der Fundschicht von 1890 zugeordnet wird, die untere derjenigen aus den 83er-Bohrungen, also dem Eem-Interglazial. In der darauffolgend ausgehobenen Baugrube konnte 1987 die Stratigrafie genauer studiert werden: Sie ist von äusserst kompliziertem Aufbau, denn die Schichten sind zum Teil stark defor-

---

[1] SNF: Der Schweizerische Nationalfond fördert im Auftrag des Bundes die wissenschaftliche Forschung.

miert und sie verändern ihre Mächtigkeit bedeutend bzw. einige verschwinden ganz (Schlüchter 1988: 104-106).

Im Jahr 2003 wurde bei Bauarbeiten in einer etwa vier Meter unter der Oberfläche liegenden, teilweise deformierten Torfschicht ein Mammutskelett entdeckt (Furrer et al. 2007: 88-91). Dieser Torf (NW/03) wurde von Hajdas et al. (2007: 102) radiometrisch datiert und von Drescher-Schneider et al. (2007: 128) paläobotanisch untersucht. Es konnte klar gezeigt werden, dass der „Mammuttorf" unter mässig kühlen, interstadialen Klimabedingungen während des Mittelwürm entstanden ist. Der Nachweis gewisser Insektenarten bedeutet nach Coope (2007: 137) eine gegenüber heute um 8°C kühlere Durchschnittstemperatur für den wärmsten Monat (Juli) bzw. 10°C für die kältesten Monate (Januar & Februar).

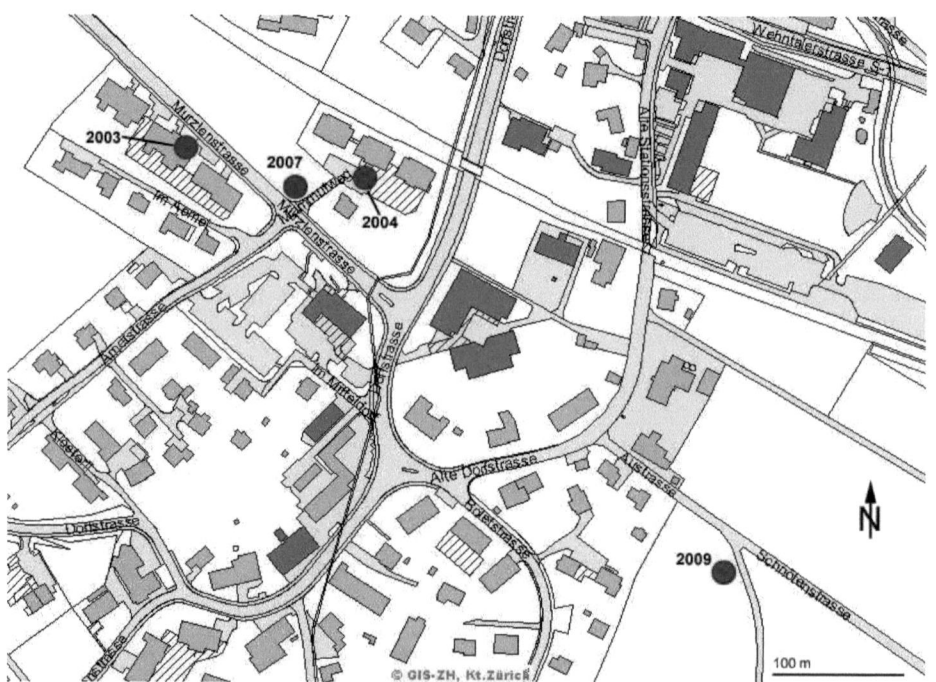

Abb. 1: Übersichtsplan der Gemeinde Niederweningen. Die Punkte lokalisieren die Baugruben 2003, 2004 und die Kernbohrungen 2007, 2009 (Quelle: GIS-ZH 2010, bearbeitet durch C. Bieri).

Bei der Aushebung einer weiteren Baugrube im Jahr 2004 (Abb. 1) kam in etwa fünf Metern Tiefe wiederum ein Torf-Gyttia-Horizont zum Vorschein. Der Torf und die ihn umgebenden Seesedimente waren nach Furrer et al. (2007: 91) stark deformiert und von Diapir ähnlichen Strukturen geprägt. Palynologische Untersuchungen dieses Torfes (NW/04) belegen nach Drescher-Schneider (2008: unpub.), dass der Anteil von Holz und Baumpollen deutlich niedriger ist als im Torf der Baugrube 2003. Das Gehölzpollenspektrum dagegen ist in beiden untersuchten Torfproben gleich. Darum handelt es sich beim Torf von 2004 trotzdem um ein mittelwürmzeitliches Fichten-Interstadial und die zeitliche Übereinstimmung mit dem Mammuttorf von 2003 ist gegeben (Drescher-Schneider 2008: unpub.). Die paläobotanische Untersuchung der Makroreste durch Jacquat (2007: unpub.) ergab ein Torfmoor mit offenen Wasserflächen und Verlandungszonen. In der Mitte des untersuchten Profils sind die Bäume stärker vertreten, was mit der Theorie des Fichten-Interstadials korreliert.

Um weitere Informationen über die Sedimentationsgeschichte des Wehntals zu erhalten wurde im Jahr 2007 von der Stiftung Mammutmuseum Niederweningen eine Kernbohrung zwischen den beiden Baugruben veranlasst (Abb. 1). Anselmetti et al. (2010) ist zu entnehmen, dass die erste Bohrung (NW1/07) nach 13,3 Metern abgebrochen werden musste. Nur zwei Meter davon entfernt wurde eine zweite Bohrung (NW2/07) in Angriff genommen und diesmal konnte bis 17,27 Meter Tiefe gebohrt werden. Daneben wurde eine dritte Bohrung (NW3/07) bis in eine Tiefe von 30,25 Metern vorgetrieben. Die Torf- und Gyttia-Schichten von NW2/07 wurden von Drescher-Schneider (2009: unpub.) palynologisch untersucht. Sie stellt in der Zone zwischen 5,10 – 8,20 m Tiefe eine Dominanz von Seggen und Gräsern fest, welche von Pionierarten (*Artemisia*, Brassicaceae, *Plantago*, *Rumex*) und Licht liebenden Typen (Caryophyllaceae, *Helianthemum*, *Thalictrum*) begleitet werden und auf eine offene, baumarme Vegetation hinweisen. In der Zone zwischen 4,00 – 4,70 m Tiefe dominieren die Kräuter mit einer mehrheitlich subalpinen Artenkombination, wobei Sträucher und Bäume noch immer nur sporadisch vorhanden sind. Aufgrund der lithostratigrafischen Korrelation ist jedoch anzunehmen, dass diese Torf- und Gyttia-Schichten dem „Mammuttorf" entsprechen (Anselmetti et al.: 2010).

Im Jahr 2009 folgte dann am südöstlichen Dorfrand von Niederweningen eine weitere Kernbohrung (NW/09), mit dem Ziel das Felsbett zu erreichen und Aussagen über die Entstehung des glazial übertieften Wehntals machen zu können. Hier wurde eine deformierte Torf-Gyttia-Schicht in ein bis drei Metern Tiefe durchbohrt. In einem anschliessenden Baggerschlitz wurden gemäss Heinz Furrer stark zerbrochene Mammutknochen geborgen (Mündliche Mitteilung, 12.01.2010).

1.1 Problemstellung & Zielsetzung

Erste Makrorest- und Pollenanalysen wurden wie oben erwähnt bereits am Mammuttorf aus der Baugrube 2003 und jenem Torf der Baugrube 2004 vorgenommen. Sie geben einen Einblick in die damalige Vegetation.

Die vorliegende Arbeit hat als Ergänzung der bereits erfolgten paläobotanischen Untersuchungen in Niederweningen zum Ziel, die Makroreste des Torfmaterials von NW2/07 zu analysieren. Anschliessend sollen die verschiedenen Torfprofile miteinander verglichen werden. Aufgrund der Makroreste soll überprüft werden, ob es sich beim Material von NW2/07 um dieselbe „Mammuttorfschicht" handelt, wie die 2003 & 2004 bereits untersuchte Schicht.

Die Schwierigkeit bei der Korrelation der verschiedenen Profile besteht darin, dass je nach Lage eine unterschiedliche Anzahl an Torf- bzw. Gyttia-Schichten gefunden wurde. Es ist auch noch nicht klar, ob alle Torfschichten in situ abgelagert wurden, ob Schichtlücken bestehen oder ob es zu Umlagerungen des Torfes kam.

Die Baugruben von 2003 und 2004 liegen etwa 100 Meter voneinander entfernt. Trotz ihrer geografischen Nähe konnten Unterschiede in der Vegetation festgestellt werden. Die Vegetationsdecke dürfte in Niederweningen kleinräumig sehr unterschiedlich gewesen sein, denn auch die Pflanzen selber repräsentieren in einem Torfprofil unterschiedliche Biotope. Diese zeigen ein komplexes Mosaik, resultierend aus kleinen topografischen Ungleichheiten, unterschiedlicher Bodenzusammensetzung und Wasserverfügbarkeit (Drescher-Schneider et al. 2007: 126).

1.2 Hypothesen

- Es ist anzunehmen, dass es sich beim Torf von NW2/07, welcher ebenfalls nur wenige Meter unter der Oberfläche liegt, um denselben „Mammuttorf" handelt, wie bei den Baugruben 2003/04.
  Demzufolge dürften auch ähnliche Klimabedingungen (mässig-kühles Interstadial) während der Ablagerung geherrscht haben.
- Es werden für das Material von NW2/07 keine wesentlichen Änderungen im Artenvorkommen gegenüber dem Material aus den Baugruben von 2003/04 erwartet.
- Möglicherweise unterscheiden sich die Mengenanteile der Wasser- und Riedpflanzen, da die Baugruben bzw. die Bohrstelle in einer Ost-West-Achse quer zur Talsohle liegen (Hang- vs. Tallage). Die Bohrstelle NW2/07 ist etwas tiefer und somit näher zur Talsohle bzw. näher zu einem möglichen See oder Fluss, daher kann ein leicht feuchteres Biotop als 2003 erwartet werden.

1.3 Fragestellungen

Aus den vorangehenden Überlegungen kristallisieren sich folgende Fragestellungen heraus:

I. Wie kann das Profil der Bohrung NW2/07 stratigrafisch mit den bisher bekannten Profilen korreliert werden?

II. Welche pflanzlichen Makroreste (Samen, Früchte und Blätter) finden sich im Mammuttorf von Niederweningen? In welchen Mengenverhältnissen? Wie ist die Verteilung von Wasserpflanzen, Feuchtigkeit und Trockenheit liebenden Pflanzen? Zu welchen Pflanzengesellschaften lassen sich diese Makroreste zusammenfügen? Sind in allen Torfschichten des Profils NW2/07 die gleichen Pflanzengesellschaften zu finden? Falls nein: Wie haben sich diese Pflanzengesellschaften im Verlauf der Zeit verändert?

III. Welche ökologischen und klimatischen Verhältnisse können von diesen Pflanzengesellschaften abgeleitet werden?

IV. Was sagt der Vergleich mit den Pflanzengesellschaften der früher untersuchten Torfprofile (Baugruben 2003/04)?

1.4 Vorgehen

Anhand von Fotos des Bohrkerns NW2/07 wird ein stratigrafisches Profil gezeichnet. Es wird versucht die geologisch unterschiedlichen Schichten, insbesondere die Torfe, mit den Profilen NW1/07, NW/03, NW/04 und NW/09 zu korrelieren.

Das aus dem Bohrkern NW2/07 gewonnene Torfmaterial wird mittels Makrorestanalyse untersucht. Nach Schlämmen und Auslesen folgt das Bestimmen der gefundenen pflanzlichen und tierischen Makroreste. Die Ökologie der gefundenen Arten hilft sie in pflanzen-soziologische Gruppen einzuteilen. Anschliessend wird überprüft, ob die Ergebnisse mit den Resultaten der Untersuchungen aus den Baugrubenprofilen von 2003/04 korrelieren. Für jede Probe erfolgt eine auf den vorkommenden Arten und ihren Soziologien beruhende Interpretation über die Bedingungen und die Umgebung zur Zeit der Ablagerung des Torfes.

2   Material und Methoden

Das untersuchte Torfmaterial stammt aus der 2007 vorgenommenen geologischen Kernbohrung an der Kreuzung Murzlenstrasse – Mammutweg in Niederweningen, Kanton Zürich (Abb. 1). Die Proben stammen vom 2. Bohrkern (NW2/07) aus 3,5 bis 7 Metern Tiefe. Für die Probennahme wurde der Bohrkern in Fünf-Zentimeter-Stücke unterteilt. Davon wurden für diese Arbeit 11 Proben paläobotanisch auf Makroreste untersucht.

2.1   Paläobotanische Methoden zur Datenerhebung

Nur der organische Teil der Torfproben ist für paläobotanische Untersuchungen von Interesse. Darum müssen die makroskopischen Pflanzenreste isoliert werden. Weil dies ein aufwändiger Prozess ist, konnte bei einigen Proben nicht das ganze vorhandene Material untersucht werden. Von jeder Probe wurde nach Möglichkeit 400 Gramm eingewogen, wo nicht soviel Material vorhanden war weniger. Daher variiert das Initial-Gewicht zwischen 275 und 400 Gramm.

Für die paläobotanischen Untersuchungen habe ich das Vorgehen und die Labormethoden nach Jacomet & Kreuz (1999: 113-153) gewählt: Aufbereitung der Bodenproben in zwei Schritten, Schlämmen und Auslesen.

2.1.1 Schlämmen

In einem ersten Arbeitsschritt wird das Bodengefüge zerstört, das Feinmaterial entfernt und das gesamte Material nach Korngrösse fraktioniert (Jacomet & Kreuz 1999: 114). Alle Daten, welche bei der Probenaufbereitung anfallen, werden in einem Schlämmprotokoll (siehe Anhang A) festgehalten.

Von jeder Probe habe ich vor der Bearbeitung, sowohl trocken als auch in wassergesättigtem Zustand, Gewicht und Volumen bestimmt (wobei das Trockenvolumen nicht direkt gemessen werden konnte, sondern als Verdrängungsvolumen berechnet werden musste). Danach blieb das Material mindestens 24 Stunden im Wasser eingeweicht. Dies sollte vor allem bei kompakten Proben zur Aufweichung des Gefüges führen und das Sieben vereinfachen.

Zum Schlämmen habe ich einen Siebturm bestehend aus fünf Sieben mit einem Durchmesser von 20 cm und den Maschenweiten 4 mm, 2 mm, 1 mm, 0.5 mm und 0.2 mm benutzt. Das Material wurde portionenweise ins oberste Sieb gegeben und mit einem feinen Wasserstrahl vorsichtig durch die Siebe gespült. Das Feinmaterial liess sich meist leicht auswaschen. Das gröbere Material bedurfte manchmal trotz

Einweichen im Wasser der sorgfältigen manuellen Zerkleinerung, bevor es die Siebe passieren konnte.

Wenn alles Material einer Probe gesiebt war, blieben in jedem der fünf Siebe Rückstände zurück. „Die Fraktionierung hat zur Folge, dass in den einzelnen Fraktionen die Korngrössen etwa gleich sind, so dass später die Auslesearbeit sehr erleichtert wird" (Jacomet & Kreuz 1999: 118). In einer flachen Wanne habe ich nun jede Fraktion wie beim Goldwaschen leicht geschüttelt, damit sich die letzten mineralischen Bestandteile am Wannenboden sammelten, die leichteren organischen Bestandteile jedoch oben auf schwammen und dekantiert werden konnten. Das Torfmaterial sollte auf keinen Fall austrocknen, da Samen durchs Trocknen aufspringen können und nicht mehr bestimmbar sind. Jede Fraktion wurde daher im Wasser eingelegt zur weiteren Bearbeitung zur Seite gestellt.

2.1.2 Mikroskopieren und Auslesen

Jede geschlämmte Probe musste nun in einem zweiten Schritt weiter aufgetrennt werden, weil auch die organische Fraktion in der Regel nicht nur aus bestimmbaren Pflanzenresten besteht, sondern auch aus Partikeln, welche für die weitere Bearbeitung nicht von Interesse sind (Jacomet & Kreuz 1999: 123).

Unter dem Stereomikroskop (mit bis zu 40-facher Vergrösserung) konnte ich das Material sorgfältig untersuchen. Dabei habe ich die Makroreste herausgepickt und in einer flachen Plastik-Box sortiert gesammelt. Anschliessend habe ich die unterscheidbaren Samen- oder Makroreste separat in ein kleines, verschliessbares Plastikröhrchen gegeben, numeriert und zur besseren Konservierung mit einer Lösung aus Glycerin, Alkohol und destilliertem Wasser (zu gleichen Teilen) versetzt. Bis zur endgültigen Bestimmung und auch für die spätere Archivierung waren die Pflanzenreste so bestens aufgehoben.

Die Probenmengen der 4 mm, 2 mm und 1 mm Fraktionen wurden vollständig ausgelesen. Die Probenmengen der 0,5 mm und 0,2 mm Fraktionen wurden wie in Jacquat (1989: 21) beschrieben nur teilweise analysiert. Die erhaltenen ausgezählten Samen habe ich am Schluss auf die ganze Probenmenge hochgerechnet.

Die Proben 1 – 4 habe ich im Rahmen dieser Arbeit geschlämmt und die grossen Fraktionen (4 mm, 2 mm und 1 mm) selber ausgelesen. Die Proben 5 – 11 wurden bereits zu einem früheren Zeitpunkt von Georges Haldimann geschlämmt und ausgelesen. Die kleinen Fraktionen (0,5 und 0,2 mm) der Proben 1 – 4 wurden ebenfalls durch G. Haldimann ausgelesen.

2.1.3 Bestimmen und Zählen der Pflanzenreste

Die vollständige Bestimmung der ausgelesenen Makroreste erfolgte im Rahmen dieser Arbeit. Zur Bestimmung habe ich Bücher mit Abbildungen fossiler Samen bzw. anderer Makroreste herangezogen, aber auch die Sammlung rezenter Samen von Dr. Christiane Jacquat (Botanisches Institut der Universität Zürich) und des Botanischen Gartens der Universität Zürich. Zusätzlich konnte ich die bereits bestimmten Samen und auch faunische Makroreste aus dem Material der Baugrube von 2003 zum Vergleichen benutzen. Die Möglichkeit des Vergleichs fossiler und rezenter Samen basiert nach Jacomet & Kreuz (1999: 136) auf der Tatsache: „... dass sich die anatomischen und morphologischen Strukturen der Pflanzenarten in den letzten Jahrzehntausenden nicht wesentlich verändert haben, ...“
Es war wünschenswert, von einzelnen Gattungen (v.a. *Potamogeton* sp. und *Carex* sp.) eine genauere Bestimmung bis auf die Art zu erreichen. Klassifizierungsschlüssel sind ein gutes Hilfsmittel dafür, aber auch der Einsatz der rezenten Samensammlungen.

Während der Bestimmungsarbeit habe ich eine Artenliste erstellt, in welcher alle bestimmten Samen, Moose, Holzstücke, Insektenreste usw. aufgeführt und auch gleich die gefundene Anzahl pro Fraktion und Probe eingetragen wurden. Bei der wissenschaftlichen Benennung der Pflanzen beziehe ich mich auf die Flora Helvetica (Lauber & Wagner 2007). Um später sinnvolle Aussagen über mögliche Pflanzengesellschaften machen zu können, ist es wichtig, welche Menge eines Samens gefunden wurde und welcher Stellenwert der Art somit zukommt (Jacomet & Kreuz 1999: 138). Bruchstücke, welche eindeutig einer Art zugeordnet werden konnten, habe ich jeweils als ein ganzes Stück gezählt. Wenn im ausgelesenen Volumen nur ein einzelner Makrorest gefunden wurde, habe ich ihn nicht hochgerechnet, da sonst das Vorhandensein von Einzelstücken (wie es sie auch in vollständig ausgelesenen Fraktionen gibt) nicht möglich ist. Diese mit der Anzahl der gefundenen Makroreste vervollständigte Rohdaten-Tabelle (Anhang B) war meine Grundlage für die darauffolgende Datenauswertung.

2.2 Methoden der Datenauswertung

Um die einzelnen Proben miteinander vergleichen zu können, muss die untersuchte Probenmenge bei allen genau gleich gross sein. Alle Proben und ihre Anzahl Samen wurden daher auf ein einheitliches (wassergesättigtes) Volumen von 800 ml hochgerechnet. Für die Datenauswertung fasste ich in der Rohdatentabelle alle Fraktionen einer Probe zusammen.

Zur Auswertung und Interpretation der Daten braucht es eine Gruppierung der gefundenen Arten nach ihrer Ökologie. Das heisst, man schaut, wo und mit welchen anderen Pflanzen zusammen diese Art heute in der Regel vorkommt. Pflanzen haben unterschiedliche Bedürfnisse bzw. Ansprüche an ihren Standort. Sie bevorzugen beispielsweise feuchte oder trockene Böden, kühles oder warmes Klima, Süss- oder Salzwasser, usw. Es gibt Pflanzen, die sehr anpassungsfähig sind, andere können nicht überall wachsen. Daher trifft man bei gleichen Bedingungen auch immer wieder ähnliche Vergesellschaftungen mit sogenannten Zeigerpflanzen, die typisch für diese Bedingungen sind.

Diese qualitative Gruppierungsmöglichkeit steht der quantitativen (statistische Berechnungen, siehe Kap. 2.2.2) gegenüber (Jacomet & Kreuz 1999: 144).

2.2.1 Auswertung mittels Aktualitätsprinzip

Für die qualitative Gruppierung habe ich jede nachgewiesene Art in eine phytosoziologische Gruppe nach Oberdorfer (1992a&b, 2001) eingeordnet (Tab. 3). Dabei blieb ich auf Ordnungs- und Verbands-Ebene. Die Zuordnung auf kleinerer Stufe (Gesellschaft, Assoziation) ist für 40'000 Jahre altes Material (Anselmetti et al.: In press) wenig sinnvoll. Alle Faunenelemente, sowie Bäume und Moose gehören jeweils in eine eigene Gruppe. Bei den Samen, welche nur auf Gattungs-Ebene bestimmt werden konnten, suchte ich die phytosoziologische Gruppe aller Arten einer Gattung heraus. Kamen alle (oder fast alle) Arten in derselben Gruppe vor, konnte diese für die Gattung übernommen werden.

Die phytosoziologischen Gruppen nach Oberdorfer (1992a&b) sind Beschreibungen der heutigen Verhältnisse. Der untersuchte Torf hingegen wurde vor über 40'000 Jahren abgelagert. Es drängt sich daher die Frage auf, ob diese heutigen Gruppierungen überhaupt auf die Vergangenheit übertragen werden können. Jacomet & Kreuz (1999: 144) meinen, dass die Grünlandgesellschaften in der vorgeschichtlichen Zeit anders zusammengesetzt waren als heute: „Daher können heutige ökologische Zeigerwerte (...) und pflanzensoziologische Zugehörigkeiten (...) nur unter Vorbehalt auf die Vergangenheit übertragen werden (...)." Sie schreiben jedoch auch, dass geschlossene Funde[2] eine an die Pflanzensoziologie angelehnte Auswertung erlauben. Beim untersuchten Torf kann man von einem ‚geschlossenen Fund' sprechen, da die Pflanzenreste (mit Ausnahme der evt. umgelagerten Schichten) in situ abgelagert und nicht vom Menschen beeinflusst wurden, wie dies bei archäobotanischen Funden in Betracht gezogen werden muss.

2.2.2 Statistische Auswertung

Eine quantitative Auswertung kann bei reichem Pflanzenmaterial oder grossen Probenserien zusätzlich zur qualitativen vorgenommen werden (Jacomet & Kreuz 1999: 145). Es können beispielsweise Stetigkeitsberechnungen durchgeführt werden um den Stellenwert einer Pflanzenart zu ergründen, Funddichteberechnungen um Vergleiche zwischen Proben ähnlicher Ablagerungstypen zu ermöglichen oder es kann die Diversität, also das Verhältnis der Arten- zur Fundzahl, erhoben werden (Jacomet & Kreuz 1999: 145-146).

Da die Anzahl ausgelesener Makroreste in dieser Arbeit relativ klein und die Anzahl Pflanzenarten gering ist, wurde auf eine statistische Auswertung der hier analysierten Gyttia-Schichten verzichtet.

---

[2] Nach Jacomet & Kreuz (1999: 77-78) handelt es sich bei geschlossenen Funden im archäologischen Sinn um Proben mit hoher Konzentration an Pflanzenresten, die mit blossem Auge sichtbar sind und innerhalb kurzer Zeit, quasi „en bloc" abgelagert wurden.

3 Ergebnisse

Anhand der Fragestellungen ergeben sich zwei Teilbereiche für die Resultate.
In einem ersten Teil wird kurz auf die geologische Situation im Wehntal eingegangen. Dann wird das geologische Profil der Bohrung NW2/07 beschrieben und mit anderen Profilen verglichen. Es geht dabei darum, einen Überblick über die geologische Situation im Wehntal bei Niederweningen zu gewinnen und zu schauen, wie weit die Profile der verschiedenen Bohrkerne und Baugruben miteinander korrelierbar sind.

In einem zweiten Teil werden die gefundenen und bestimmten Samen und ihre phytosoziologische Gruppierung vorgestellt und es wird der Frage nachgegangen, wie diese Gruppen im Vergleich mit anderen Profilen einzuordnen sind.

3.1 Die Geologie des Wehntals

Das Wehntal entstand im Pleistozän vor etwa 700'000 Jahren durch die vorstossenden Alpengletscher und die Schmelzwasserflüsse, welche sich tief in die älteren Ablagerungen der Deckenschotter und der Molasse einschnitten. Das Tal wurde darauf von Lockergesteinen, aber auch feinkörnigen See-, Sumpf- und Moorablagerungen gefüllt. Eine Felsschwelle zwischen Lengnau und Unter-Schneisingen führte zur Bildung eines schmalen Sees.[3]

Die für Endmoränen typischen Aufschotterungen fehlen nach Schlüchter (1994: 9) im Wehntal fast vollständig. Er führt dies darauf zurück, dass der Gletscher der letzten grossen Vereisung im Hochwürm das Tal nicht mehr erreicht hat (Endmoränenwall im Osten von Schöfflisdorf) und die Hauptentwässerung des Glattaleises wohl in Richtung Stadel nach Norden erfolgte.

3.1.1 Das geologische Profil der Bohrung NW2/07 im Vergleich mit NW1/07

Marc A. Riedi hat im Rahmen seiner Bachelorarbeit an der Eawag[4] und ETH Zürich die Bohrkerne der Bohrungen von 2007 fotografiert und teilweise analysiert. Anhand dieser Fotos konnte ich ein detailliertes geologisches Profil zeichnen (Abb. 2). Die Zahlen I – III bezeichnen die verschiedenen Gyttia-Horizonte, welche für diese Arbeit beprobt und untersucht wurden. Von Gyttia-Horizont 0 wurde keine Probe genommen. Er wird daher nicht weiter besprochen.

---

[3] Die Informationen in diesem Abschnitt stammen aus Furrer & Mäder (2008: 72).
[4] Eidgenössische Anstalt für Wasserversorgung, Abwasserreinigung und Gewässerschutz, Dübendorf.

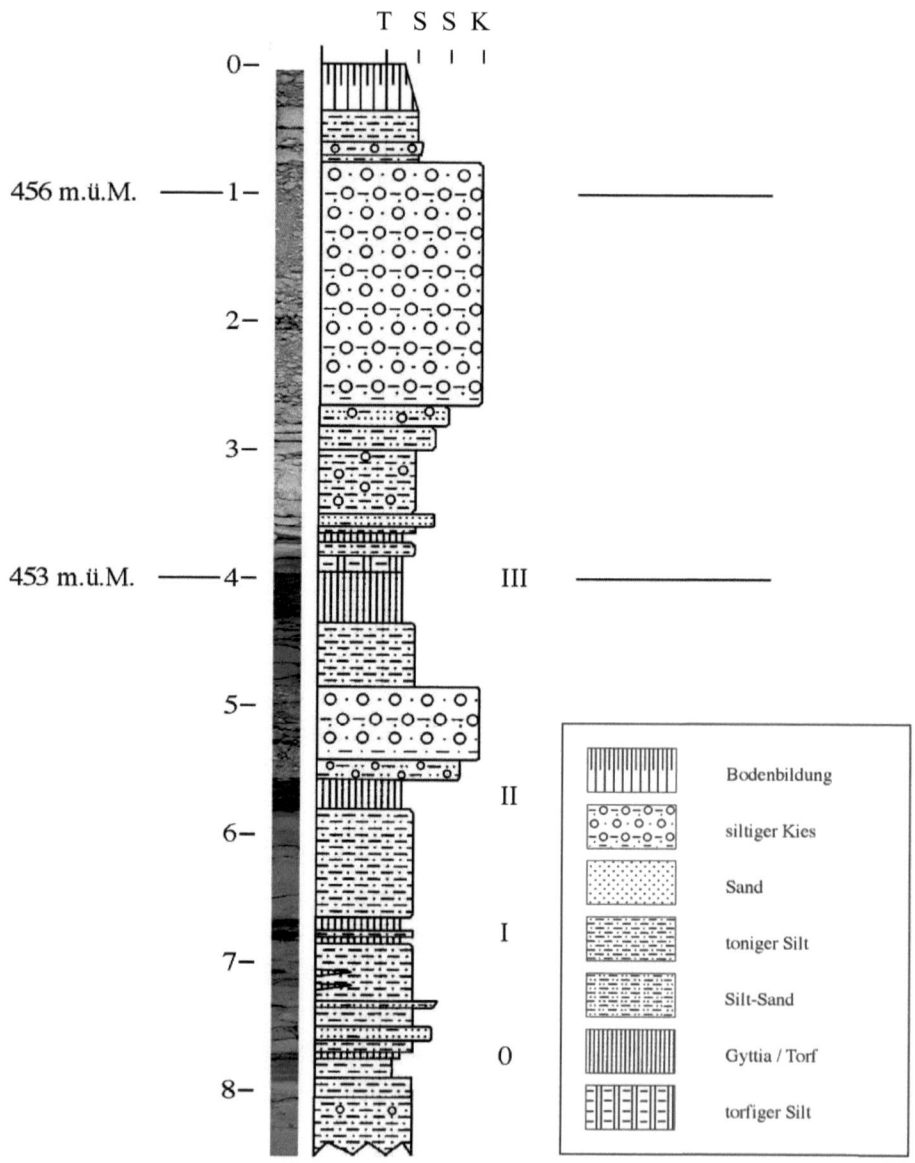

NW2/07

T S S K

456 m.ü.M. — 1-

453 m.ü.M. — 4- III

II

I

0

Bodenbildung

siltiger Kies

Sand

toniger Silt

Silt-Sand

Gyttia / Torf

torfiger Silt

Abb. 2: Stratigrafisches Profil NW2/07, mit den Gyttia-Schichten 0 – III (Bohrkernfotos: M. A. Riedi)

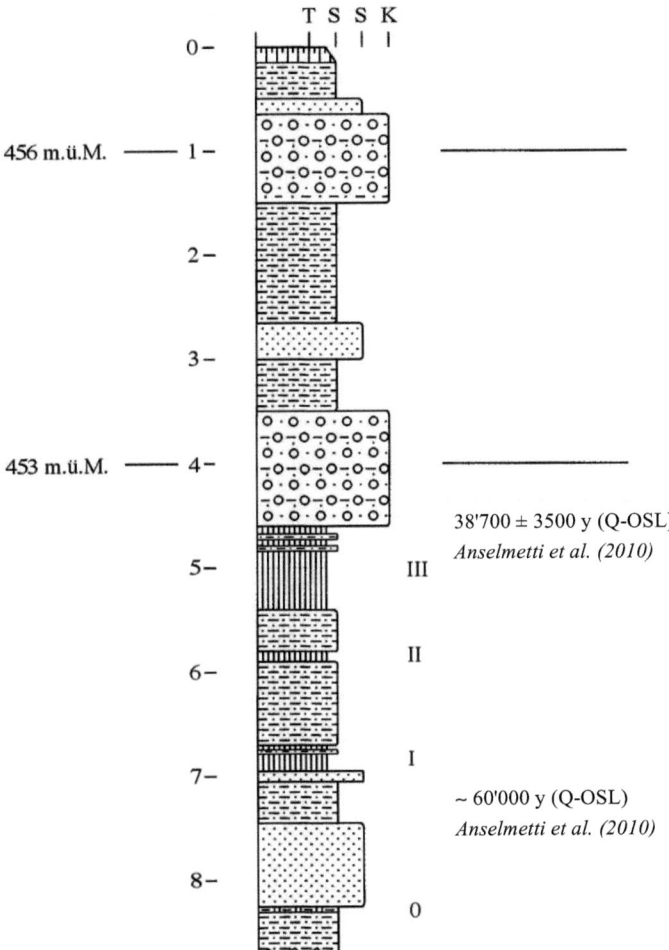

Abb. 3: Stratigrafisches Profil NW1/07, mit den Gyttia-Schichten 0 – III (Legende siehe Abb. 2)

Die Probenummer 4 entstammt dem Gyttia-Horizont I. Die Probenummern 1 – 3 sind zwischen 5,58 m und 5,88 m Tiefe genommen worden und gehören somit in den Gyttia-Horizont II. Aus dem dritten Horizont (III) stammen die Proben 5 – 11.

In der Arbeit von Anselmetti et al. (2010) wurde der Bohrkern NW1/07 genau untersucht und beschrieben. Es ist daher naheliegend zuerst einmal diese zwei, wenige Meter auseinander liegenden Bohrkerne miteinander zu vergleichen (Abb. 3). Sie können, mit Ausnahme einer Schicht, relativ gut korreliert werden. Es sind in beiden Profilen vier Gyttia-Schichten vorhanden. In Profil 1/07 erscheint Gyttia-Schicht I zwischen 6,60 – 6,84 m Tiefe, in Profil 2/07 zwischen 6,68 – 6,84 m. Profil aufwärts folgt bei beiden eine Siltschicht, welche vom nächsten Gyttia-Horizont (II) zugedeckt ist. Dieser liegt in Profil 1/07 zwischen 5,73 – 5,82 m und ist deutlich geringmächtiger als in Profil 2/07 die Schicht zwischen 5,57 – 5,81 m Tiefe. Im zweiten Profil erscheint nun oberhalb der zweiten Gyttia-Schicht eine relativ mächtige Kiesbank, welche im ersten Profil fehlt. Überlagert wird sie wiederum von einer Siltschicht, welche auch im ersten Profil vorhanden ist. Darüber folgt in Profil 1/07 die dritte und mächtigste Gyttia-Schicht (III) zwischen 4,55 – 5,33 m Tiefe. In Profil 2/07 ist die dritte Gyttia-Schicht auch die mächtigste, liegt mit 3,60 – 4,33 m Tiefe jedoch etwas höher. Die dritte Gyttia-Schicht wird in beiden Profilen im oberen Teil von Silt-Schichten durchzogen.

3.1.2 NW2/07 im Vergleich mit NW/03, NW/04 und NW/09

Im Folgenden wird der Vergleich auf zwei weitere Profile aus Baugruben in den Jahren 2003 und 2004 ausgeweitet (Abb. 5 und 6). Diese liegen mit den Profilen aus dem Jahr 2007 auf einer Ost-West-Achse (siehe Abb. 1). Das Profil NW/03 wurde an der Ostwand der Baugrube aufgenommen (siehe Abb. 4).

Es sind auch im Profil NW/03 drei Torfhorizonte erkennbar. Der mittlere Torf, in welchem die Mammutknochen gefunden wurden, ist der mächtigste. Die oberste Torfschicht ist als Linse angedeutet, obwohl sie im paläobotanisch untersuchten Profil eigentlich nicht angeschnitten wird. In 5,5 – 6 m Tiefe steht die unterste Torfschicht.

Ganz allgemein muss an dieser Stelle festgehalten werden, dass das Profil NW/03 wie auch das nachfolgend beschriebene Profil NW/04 nicht den Ansprüchen auf Genauigkeit entspricht wie es die Profile NW1/07 und NW2/07 tun, welche nach Fotografien der Bohrkerne gezeichnet werden konnten.

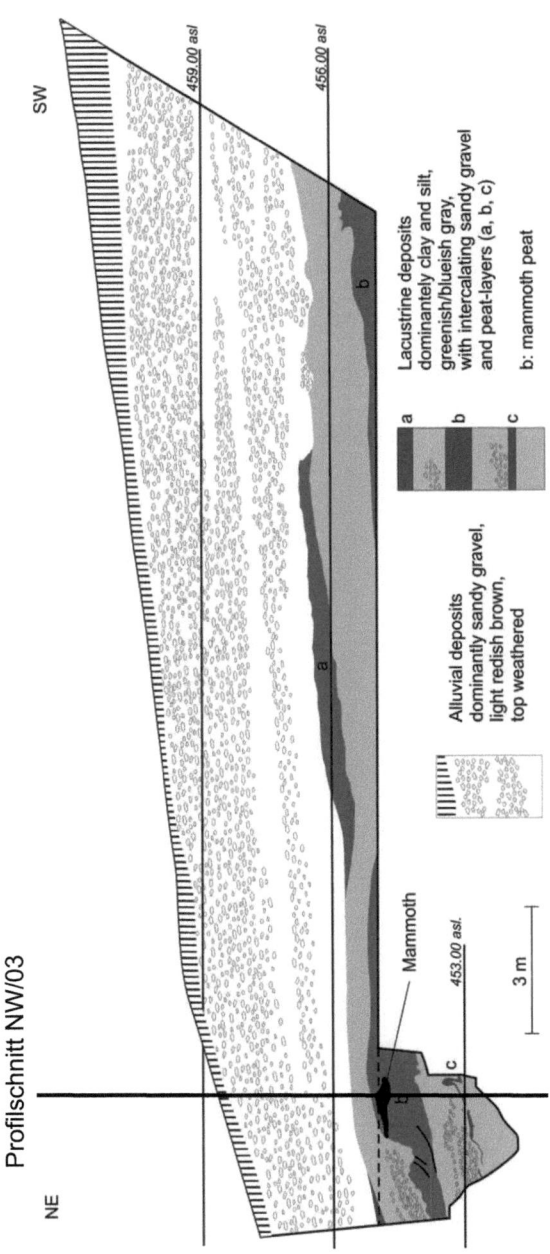

Abb. 4: Baugruben-Profil mit eingezeichnetem Profilschnitt NW/03 (Grafik aus Furrer et al. 2007: 91)

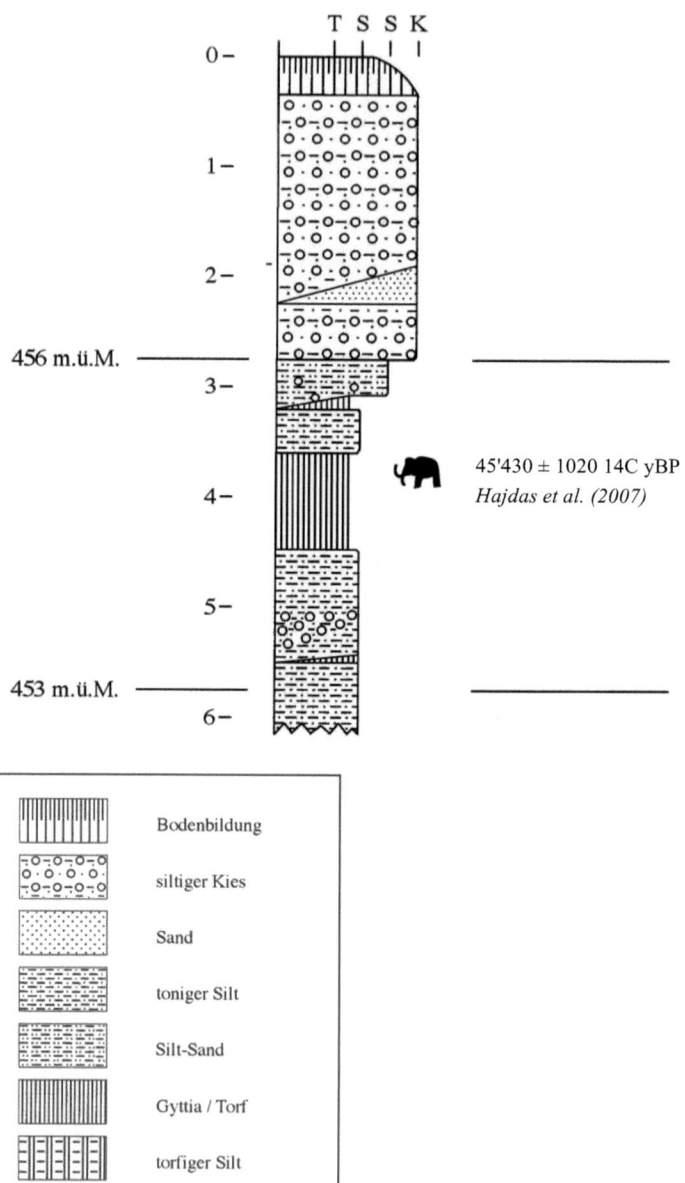

Abb. 5: Stratigrafisches Profil NW/03; das Mammut bezeichnet die Fundtiefe der Mammutknochen

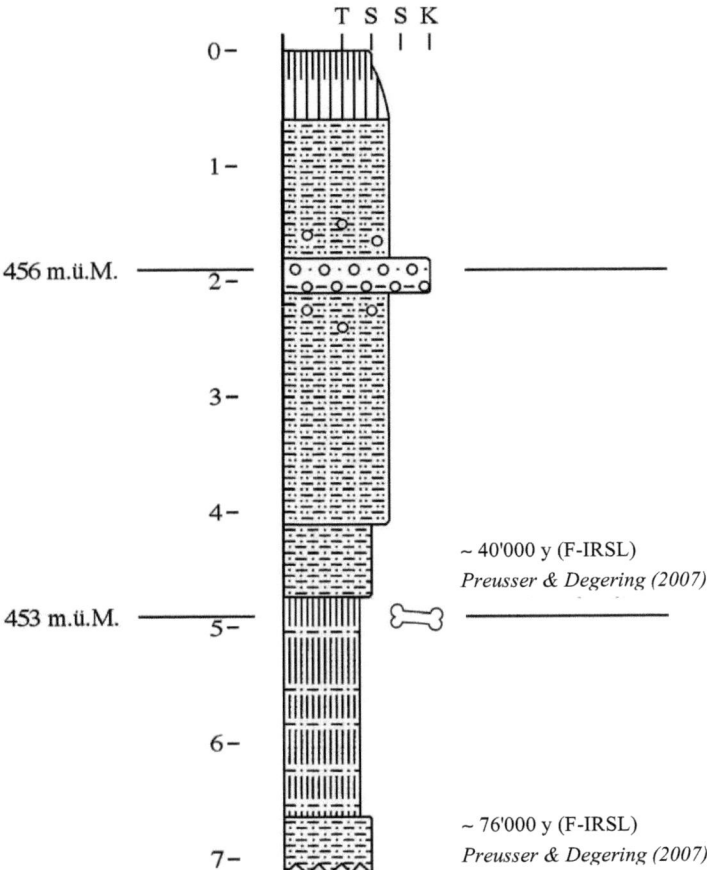

NW/04

T S S K

0 -

1 -

456 m.ü.M. —————— 2 -

3 -

4 -

~ 40'000 y (F-IRSL)
Preusser & Degering (2007)

453 m.ü.M. —————— 5 -

6 -

~ 76'000 y (F-IRSL)
Preusser & Degering (2007)

7 -

Abb. 6:   Stratigraphisches Profil NW/04; der Knochen bezeichnet die Fundtiefe einzelner Mammutknochen
(Legende siehe Abb. 5)

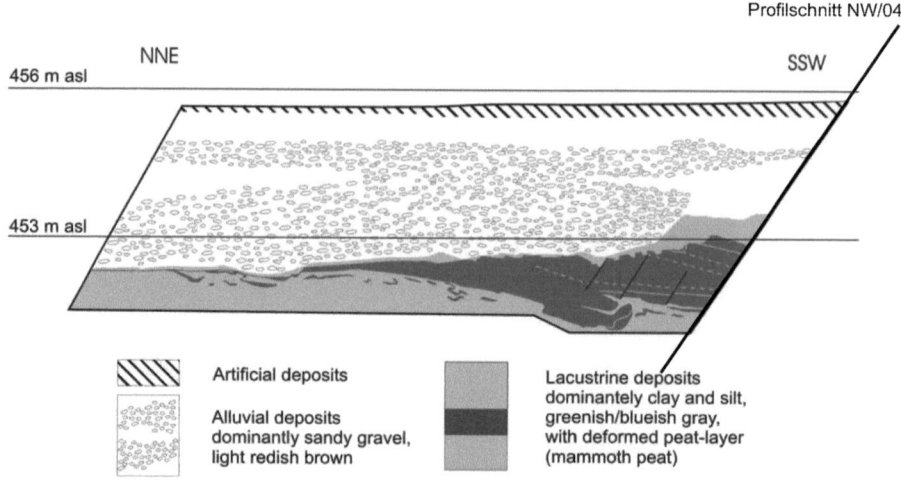

Abb. 7:   Baugruben-Profil mit eingezeichnetem Profilschnitt NW/04 (Grafik aus Furrer et al. 2007: 91)

Das geologische Profil NW/04 wurde an der Westwand der Baugrube aufgenommen (siehe Abb. 7). Hier ist nur eine mächtige Torfschicht erkennbar, welche gegen Norden ausdünnt und durch Diapir ähnliche Strukturen, Abscherflächen und Umarbeitung stark deformiert ist (Furrer et al. 2007: 91).

In der Nordwest-Südost-Achse zu NW/07 liegt die aktuellste Bohrung aus dem Jahr 2009. Hier konnte nur ein Torfhorizont gefunden werden. Im neben der Bohrung gezogenen Baggerschlitz wurde ersichtlich, dass der Torfhorizont dachziegelartige Strukturen aufweist. Sie sind vermutlich das Ergebnis einer Rutschung gegen Norden, in Richtung der Talsohle (Mündliche Mitteilung H. Furrer, 22.03.2010). Im Profil ist diese Ziegelstruktur mit Torflinsen angedeutet (Abb. 8).

Die OSL-Lumineszenz-Altersdatierungen der Sedimente über dem obersten Torfhorizont in NW/04 & NW1/07 ergaben ein Alter von ungefähr 40'000 Jahren. Die Sedimente unterhalb der Torfschicht von NW/04 wurden auf etwa 76'000 Jahre datiert (Preusser & Degering 2007: 111), jene in Profil NW1/07 auf etwa 60'000 Jahre (Anselmetti et al. 2010). Die Korrelation der Torfuntergrenzen ist durch diesen Unterschied nicht möglich. Die Datierungen der beiden oberen Torfhorizonte in NW/03 ergaben ein Alter von etwa 40'000 Jahren (Hajdas et al. 2007: 102-103). Eine mögliche Erklärung dafür könnte sein, dass es sich bei der obersten Linse um einen umgelagerten Torf handelt. Von der Bohrung 2009 sind bisher keine Alter bekannt, die Datierungen sind noch nicht abgeschlossen.

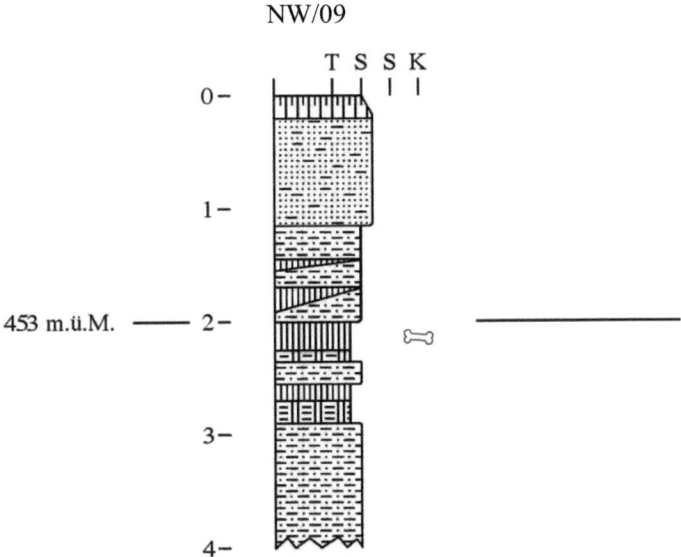

Abb. 8: Stratigraphisches Profil NW/09; der Knochen bezeichnet die Fundtiefe einzelner Mammutknochen (Legende siehe Abb. 5)

3.2 Ergebnisse der Makrorestanalyse

Die Variabilität der gefundenen Makroreste ist gering. Den aus den Baugruben von 2003 und 2004 bestimmten Resten kann nichts Neues hinzugefügt werden. Im Gegenteil, im aktuellen Material (NW2/07) sind weniger Pflanzenarten gefunden worden als 2003/04. Es konnten 14 pflanzliche Gattungen bzw. Arten und drei faunische Reste bestimmt werden. Alle gefundenen Taxa sind in der Rohdatentabelle aufgelistet, welche sich aus Gründen der Übersichtlichkeit im Anhang B befindet.

In diesem Kapitel wird die genauere Bestimmung einzelner Samen beziehungsweise eines Faunenelements beschrieben. Es folgt die Einordnung der bestimmten Makroreste in phyto-soziologische Gruppen. Dann wird der Frage nachgegangen, ob diese Gruppen etwas über das Paläoklima aussagen. Abschliessend werden die Ergebnisse der Makrorestanalyse von NW2/07 mit anderen Profilen (Baugruben 2003/04) verglichen.

3.2.1 Die genauere Bestimmung einzelner Samen und eines Faunenelements

Es ist gelungen, einige Samen und ein Faunenelement genauer zu bestimmen, zum Teil bis auf Art-Niveau. Auf diese wird nachfolgend speziell eingegangen.

3.2.1.1 Laichkräuter

Durch die gute Erhaltung der Laichkraut-Samen (*Potamogeton* sp.) konnte ich mit dem Klassifizierungsschlüssel von Jessen (1955: 1-7) und den Beschreibungen von Aalto (1970: 21-64) gute Ergebnisse erzielen. In Abbildung 9 ist an einem Samen von *Potamogeton natans* die Nomenklatur erklärt. In Abbildung 10 ist von allen vier identifizierten Potamogeton-Arten ein Samen abgebildet. Die wichtigsten Klassifizierungsmerkmale sind mit Pfeilen gekennzeichnet und nachfolgend beschrieben.

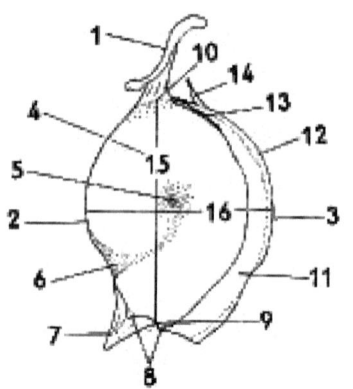

1. Schnabel (Stil & Stigma)
2. Bauch
3. Rücken
4. Seite
5. zentrale Vertiefung
6. Furche, markiert die Scheidewand der Samenkammer
7. Stängel
8. basale Warzen & Dorne
9. Fuss
10. Kopf
11. Deckel
12. Kiel des Deckels
13. gewellter Seitensaum
14. Ansatz der Deckelspitze
15. Länge
16. Breite

Abb. 9: Nomenklatur eines Laichkraut-Samens (*Potamogeton natans*, Aalto 1970: 22)

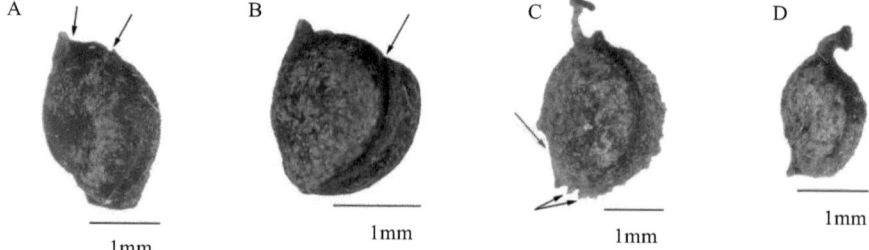

Abb. 10: Samen von A) *Potamogeton alpinus*, B) *Potamogeton filiformis*, C) *Potamogeton obtusifolius*, D) *Potamogeton berchtoldii*

A) *P. alpinus*: Der Deckel erreicht zwar den Kopf, es besteht jedoch eine deutliche Distanz zwischen dem bauchseitigen Schnabel und dem Deckelende. Der Fruchtstein ist 1,9 – 2,5 mm lang (Jessen 1955: 3).

B) *P. filiformis*: Der Deckel erreicht den Kopf nicht, runder Deckel ohne Kiel, Fruchtstein 1,6 – 2,4 mm lang (Jessen 1955: 3).

C) *P. obtusifolius*: Der Deckel erreicht den Kopf und den Schnabel. Am Fuss hat es auf beiden Seiten eine kleine Warze in Verbindung mit einem gewellten Rücken rund um den Stängel (Pfeil oben). Auf dem Deckel befindet sich ein mit Warzen besetzter Kiel. Der Fruchtstein ist 2 – 2,8 mm lang (Jessen 1955: 3-4).

D) *P. berchtoldii*: Der Deckel erreicht den Kopf und den Schnabel, gerundeter Deckel ohne Kiel, Schnabel in der Mitte, s-förmige Bauchseite, Fruchtstein 1,3 – 2 mm lang (Jessen 1955: 3-5).

3.2.1.2 Tausendblatt

Die einzige Art des Tausendblattes (*Myriophyllum* sp.) konnte ich durch den Schlüssel von Anderberg (1994: 99) bestimmen. Das wichtigste Unterscheidungsmerkmal ist die Breite des Samens. Die hier gefundenen Samen sind alle schmaler als einen Millimeter (Abb. 11A). Damit ist die Art bereits bestimmt: *Myriophyllum alterniflorum*-Samen haben eine Länge von 1,5 – 1,8 mm, eine Breite von 0,6 – 0,9 mm und die Samenwand ist zwischen 0,06 – 0,1 mm dünn (Anderberg 1994: 99). Alle anderen Arten sind breiter.

Abb. 11: A) *Myriophyllum alterniflorum*, B) *Carex*, tricarpellate Frucht, C) *Carex*, bicarpellate Frucht

3.2.1.3 Seggen

Bei den Seggen (*Carex* sp.) war es nicht ganz so einfach. Für die Art-Bestimmung mit einem Schlüssel müssen die Perigynia (Fruchtschläuche) erhalten sein. Ich konnte jedoch bei keiner *Carex*-Frucht ein vollständiges Perigynium finden. Um doch etwas über die Soziologie der gefundenen Seggen aussagen zu können, verglich ich die gefundenen Samen mit der Sammlung rezenter Samen von Dr. Christiane Jacquat.

Tricarpellate Früchte	
Carex acutiformis Ehrh.	Charakteristisch im Seggen-Moor, auch in Seen, Teichen, an Flussufern und in Feuchtwiesen
Carex alba Scop.	verges. in Kiefernwäldern od. warmen Buchen-, Eichenwäldern; auf trockenen, basenreichen, lockeren, milden, humosen, lehmig-tonigen Sand-, Kies- und Steinböden / ist kalkhold
	submeridional-montanes bis boreales, kontinentales Florenelement
Carex distans L.	auf felsigen oder sandigen Plätzen, in Salzmarschen, im Inland in Feuchtwiesen
Carex filiformis	lokale Pflanze des kalziumreichen Graslands, in nassen Wiesen, an Strassen-rändern, auf Rohböden
Carex hostiana DC.	auf dauernassen und sumpfigen Böden, pH 5.5-6.5; häufig auf Schiefer und vom Wasser überspülten magmatischen Gesteinen; häufig in hügeligen Gegenden; lokal entlang von Quellen und in sumpfigen Mulden
Carex limosa L.	wächst in und um Teiche herum, in sehr nassen Vegetationsdecken und sumpfi-gen Mulden; in eher mesotrophen Sümpfen mit Carex rostrata
Carex pallescens L.	Pflanze des offenen Fraxinus-Sorbus aucuparia-Mercurialis perennis-Waldes auf schweren Ton- oder besser drainierten Böden; an hügeligen Orten auf offe-nen, nassen Kanten; Flussinseln, zusammen mit Gräsern / Seggen
Carex panicea L.	auf nassen oder nasskalten Böden des Graslandes, inklusive Mähwiesen und Flussauen; höher gelegen auf kalkigem Grasland, in Heiden und auf alpinen Felsen; in Sümpfen auf mächtigem Torf
	in mesotrophen - oligotrophen Sümpfen mit *Sphagnum* und *Molinia*
	in eutrophen Seggen-Sümpfen und bei Quellen, mit *Carex nigra* und Moosen
Carex pendula Huds.	bevorzugt saure, aber basenreiche, schwere Böden; braucht ein konstantes Wasserangebot; häufig in Erlen-Eschen-Lysimachia-Wäldern
Carex punctata Gaudin	in marinen Habitaten, bevorzugt sandige, gut entwässerte Böden
	nicht marine Habitate müssen basenreich sein; immer in Süsswasser-Sickerzonen, aber gewöhnlich in Reichweite des Salzsprühnebels
Carex rostrata Stokes	Pflanze der Moore und mesotrophen See-Ufern mit pH 4.5-6.5
	tritt auf mit *Menyanthes trifoliata*, *Potentilla palustris* & *Equisetum fluviatile*, ande-ren Seggen und Moosen
Carex vesicaria L.	Pflanze der mesotrophen Sümpfe; auf anorganischen Böden, an Flussufern, in Gräben und Kanälen; Charakter-Gesellschaft mit C. aquatilis, C. nigra, C. rostrata
	in eher offenen Situationen mit *C. rostrata* & *Potentilla palustris*
Bicarpellate Früchte	
Carex contigua Hoppe	an Strassenrändern, in Wiesen, auf Ödland, neutralen oder basenreichen, schwe-ren & nassen Böden
Carex echinata Murray	verbreitet in Sumpf-Gesellschaften im pH-Bereich von 4.5 bis 5.7
	auf mesotrophen Böden, periodisch wassergesättigt; in eher eutrophen Sümpfen mit Carex dioica; wächst auf siltigen Böden,
	nicht in dystrophen Sümpfen und basenreichen Flachmooren
Carex elata All.	in eutrophen Sümpfen mit periodischen Überschwemmungen, häufig in Gräben, an Flüssen und Seen
	in mesotrophen Sümpfen mit *C. rostrata, Menyanthes trifoliata, Potentilla palustris*
Carex remota L.	in schattigen Gebieten, auf Torf oder silikatischen Böden mit periodisch hohem Wasserstand; häufig in Erlen-, Saalweiden- oder Moorbirken-Bruchwald, oft mit Phragmites, C. laevigata, C. paniculata
Carex vulpina L.	an nasskalten Orten, häufig in wassergefüllten Gräben, auf schweren Tonböden & auf Kreide- oder Kalkstein

	= passt nicht zum erwarteten Biotop
	= passt mässig-gut zum erwarteten
	= passt gut zum erwarteten Biotop
	= passt sehr gut zum erwarteten Biotop

Tab. 1: Mögliche Carex-Arten mit ihrer Ökologie nach Jermy et al. (2007: 210-489). Die Ökologie für *Carex alba* Scop. ist nach Oberdorfer (2001: 187).

Es gibt im Probenmaterial zwei verschiedene *Carex*-Gruppen: Tricarpellate (Abb. 11B) und bicarpellate (Abb. 11C) Früchte. In der Rezent-Sammlung suchte ich nun alle Früchte (sowohl tri- als auch bicarpellate) heraus, welche in Grösse, Form, Farbe und der Oberflächenstruktur mit den in den Proben gefundenen Früchten übereinstimmen (Tab. 1). Zu jeder Art kam in Tab. 1 nach Jermy et al. (2007: 210-489) hinzu, wo und wie sie wächst.

Die dunkel eingefärbten Arten passen nicht zum erwarteten Biotop (siehe Kap. 1.2). Weil die Rezent-Sammlung nicht alle existierenden Seggen-Arten enthält, suchte ich ergänzend in Lauber & Wagner (2007) und in Jermy et al. (2007) die fehlenden Seggen heraus, welche heute in der Schweiz bzw. in Grossbritannien wachsen. Nur durch Grössenvergleich der Frucht (nach Berggren 1969) und ihrer Ökologie zufolge passen folgende weitere Arten zu den Funden: *Carex acuta, Carex aquatilis, Carex dioica, Carex heleonastes, Carex saxatilis* und *Carex tomentosa*.

3.2.1.4 Birken

Die Fruchtschuppen der Birken sind dreilappig und unterschiedlich gross. Durch die Grösse und die Abstände zwischen den Lappen können die Arten unterschieden werden. Bei den Funden handelt es sich nach dem Vergleich mit Tobolski (1992: 37-38) und rezenten Fruchtschuppen um *Betula nana* (Abb. 12A). Da die gefundenen Fruchtschuppen beschädigt sind, gelten sie nicht als sicher bestimmt, daher *Betula* cf. *nana*.

Abb. 12: A) Fruchtschuppe *Betula* cf. *nana*, B) Frucht mit fast vollständig erhaltenen Flügeln von *Betula* cf. *nana*, C) Früchte ohne Flügel von *Betula* cf. *pubescens*

Die Früchte der Birken sind geflügelt und nur wenn sowohl Frucht als auch Flügel vorhanden sind, ist eine eindeutige Artbestimmung möglich. Bei einer gefundenen Frucht aus Probe Nr. 5 sind Teile der Flügelchen vorhanden (Abb. 12B). Sie sind sehr schmal, was auf *Betula nana* deutet. Es sind Unterschiede bei den Früchten erkennbar: Es gibt eher rundliche, kleinere Früchte (Abb. 12B) und etwas grössere längliche (Abb. 12C). Durch den Vergleich von Grösse und Form der Früchte mit der

Rezent-Sammlung gehe ich davon aus, dass es sich bei den kleinen rundlichen Früchten wahrscheinlich um *Betula nana* und bei den länglichen um *Betula pubescens* handelt. Die durchschnittlichen Längenmessungen von Tobolski (1992: 41) unterstützen diese These.

3.2.1.5 Wasserfloh

In den 0,5 mm Fraktionen fanden sich viele Stücke des in Abb. 13 abgebildeten Makrorestes. Nach Tobolski (1992: 73) ist es das Ephippium von *Cladocera* (Wasserfloh).

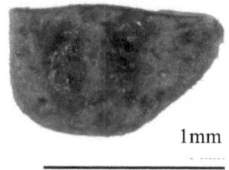

1mm

Abb. 13: Ephippium von *Cladocera*

Abb. 14: Wasserfloh mit Brut-Beutel (Ephippium),
Zeichnung aus Scourfield & Harding (1966: 5)

Von den Wasserflöhen, welche im Süsswasser leben, gibt es einige planktonisch, im offenen Wasser lebende, sehr transparente, farblose Tiere. Die meisten leben jedoch in Teichen, Gräben oder verkrauteten Ufern grösserer Seen. Sie sind nicht sehr transparent, sind gelblich, bräunlich oder rötlich gefärbt. *Cladocera* produzieren zwei Arten von Eiern: Parthogenetische „Sommer"-Eier und vom Männchen befruchtete „Winter"-Eier. Bei der Produktion von den sogenannten „Winter"-Eiern verdickt sich der Teil der Valven, welcher den Brut-Beutel bedeckt und er wird dunkler (Abb. 14). Wenn das Weibchen sich häutet, trennt sich diese spezielle Struktur vom Rest der Valven und schliesst sich über den Eiern. Dies ist das Ephippium (Abb. 13). Es kann an der Wasseroberfläche schwimmen und so vom Wind oder von Vögeln verbreitet werden.[5]

Die hier gefundenen Ephippien sind gelblich-braun gefärbt und gehören somit zur zweiten oben beschriebenen Gruppe.

3.2.2 Die soziologischen Pflanzengruppen

Aus der Rohdatentabelle entstand durch Gruppierung der Arten nach ihrer Ökologie eine neue Tabelle (Tab. 3). Damit die Proben untereinander vergleichbar sind, wur-

---

[5] Die Informationen in diesem Abschnitt stammen aus Scourfield & Harding (1966: 3-6).

den sie auf ein Einheitsvolumen von 800 ml hochgerechnet. In den folgenden Kapiteln werden die in Tabelle 3 gebildeten soziologischen Gruppen besprochen. In Tabelle 2 sind die Pflanzensoziologien nach Oberdorfer (1992a: 78-165, 221-272 / 1992b: 53-63, 81-156) bzw. deren Klassen, Ordnungen und Verbände zusammengefasst, welche in dieser Arbeit besprochen werden.

Klasse: Charetea fragilis (Gesellschaften aus Armleuchteralgen)

Klasse: Phragmitetea (Röhrichte und Grossseggen-Gesellschaften)
    1. Ordnung: Phragmitetalia (Röhrichte und Grossseggenriede)
        1. Verband: Phragmition (Grossröhrichte)
        2. Verband: Magnocaricion (Grossseggenriede)

Klasse: Potamogetonetea (Wasserpflanzengesellschaften des Süsswassers)
    1. Ordnung: Potamogetonetalia (Fluthahnenfuss-, Laichkraut- & Schwimmblattges.
        des Süsswassers)
        1. Verband: Ranunculion fluitantis (Fluthahnenfussgesellschaften)
        2. Verband: Potamogetonion (Untergetauchte Laichkrautgesellschaften)
        3. Verband: Nymphaeion (Seerosen-Gesellschaften)

Klasse: Querco-Fagetea (Buchen- und sommergrüne Eichenwälder Europas)
    4. Ordnung: Fagetalia sylvaticae (Mesophytische, buchenwaldartige Laubwälder Europas)
        1. Verband: Alno-Ulmion (Auenwälder)

Klasse: Scheuchzerio-Caricetea fuscae (Flach- & Zwischenmoore)
    1. Ordnung: Scheuchzerietalia palustris (Nordische Zwischenmoor- &
        Schlenken-Gesellschaften)
        1. Verband: Rhynchosporion albae (Schlenkengesellschaften)
        2. Verband: Caricion lasiocarpae (mesotrophe Zwischenmoore)

    2. Ordnung: Caricetalia fuscae (Flachmoorgesellschaften, vorwiegend kalkarm)
        1. Verband: Caricion fuscae (Braunseggen-Sümpfe)

    3. Ordnung: Tofieldietalia (Kalkflachmoore und Rieselfluren)
        1. Verband: Caricion davallianae (Kalkflachmoore und -sümpfe)

Klasse: Vaccinio-Piceetea (Boreal-alpine Nadelwälder und Zwergstrauch-Gesellschaften)
    1. Ordnung: Piceetalia abietis (Boreal-alpine Nadelwälder und sub-, alpine Zwergstrauch-Ges.)
        1. Verband: Dicrano-Pinion (Moos-Kiefernwälder)
        1b. Unterverband: Piceo-Vaccinienion uliginosi (Moorwälder)

Tab. 2:   Übersicht über die in dieser Arbeit besprochenen phytosoziologischen Gruppen nach Oberdorfer (1992: 78-165, 221-272 / 1992b: 53-63, 81-156)

Probe-Nr.	5	6	7	8	9	10	11	1	2	3	4
Höhe im Profil (m)	3.67 - 3.72	3.95 - 4.00	4.00 - 4.05	4.10 - 4.15	4.20 - 4.25	4.30 - 4.35	4.40 - 4.45	5.58 - 5.63	5.73 - 5.78	5.83 - 5.88	6.79 - 6.84
Multiplikationsfaktor	2.76	2.76	1.95	2.00	2.00	1.88	2.29	1.17	1.10	1.60	1.40
Volumen wassergesättigt (ml)	800	800	800	800	800	800	800	800	800	800	800
Potamogetonetalia - Fluthahnenfuss-, Laichkraut- und Schwimmblattgesellschaften des Süsswassers											
Callitriche sp.		47					1	130			
Characeae, Oogonien	1	1									
Myriophyllum alterniflorum		19			1		1		5	1	
Potamogeton sp.		1					6	5			
cf. *Potamogeton* sp.				1							
Potamogeton alpinus	6	11			1			1			
Potamogeton berchtoldii	1	22	86	118	90	1	7				
Potamogeton filiformis						1					
Potamogeton obtusifolius		1	1		6	15	39				
Potamogeton cf. *obtusifolius*				4			23				
Ranunculus Sect. *Batrachium*	124	91	1	1	1	15	103				
Scheuchzerietalia palustris - Nord. Zwischenmoor- und Schlenken-Gesellschaften											
Menyanthes trifoliata										5	205
cf. *Menyanthes trifoliata*											1
Potentilla palustris			16	1	1	1		119	20		
cf. *Potentilla palustris*	1	1	4					4			
Scheuchzerietalia oder Phragmitetalia - Röhrichte und Grossseggenriede											
Carex sp. (tricarpellat)	105	237	455	334	416	896	727	418	205	30	51
cf. *Carex* sp. (tricarpellat)									1		
cf. *Carex* sp. (tricarp., lang & dünn)							57				
Carex sp. (bicarpellat)		39			1	19	48	9		10	121
cf. *Carex* sp. (bicarpellat)	8	1	31	1			1	20	21		1
Moor-Bäume											
Betula sp., Frucht	1	1	1					2	68	10	
Betula sp., Fruchtschuppe	1			1							
cf. *Betula* sp., Frucht	1								1		
Betula cf. *nana*, Frucht	1		1						25		1
Betula cf. *nana*, Fruchtschuppe	1					1					
Betula cf. *pubescens*, Frucht								6	12		1
Unbestimmte Samen											
cf. Asteraceae	83		1		1			81	20	1	24
cf. Cyperaceae	141	17	47	16	40	81	199			1	
Varia - unbestimmte Samen	22	14	1	1	4	1	1	12	59	1	7
Unbestimmte Pflanzenfragmente											
Holz-Stücke	58	99	105		1			687	461	461	822
Holzkohle-Stücke				8	8			4		1	3
Rinden-Stücke	1									78	
Zapfen-Stücke		1			1		62	6		43	
Blatt-Reste			1					1			
Blütenkelche					4					1	
Epidermis-Stücke								6	11		
Knospen											1
Stengel / Halme			8	10				82	106	62	56
cf. Wurzel-Fasern								1			
Bryophyta - Moose											
Bryophyta, Äste	328	257	131	146	100	1		446	237	5	818
Bryophyta, längliche spitze Blätter											41
Bryophyta, sichelförmige Blätter								12		6	125

Tab. 3: Die phytosoziologischen Gruppen von NW2/07: Die Makrorestanzahl ist in allen Proben hochgerechnet auf ein Einheitsvolumen von 800 ml. (Fortsetzung nächste Seite)

Probe-Nr.	5	6	7	8	9	10	11	1	2	3	4
Höhe im Profil (m)	3.67 - 3.72	3.95 - 4.00	4.00 - 4.05	4.10 - 4.15	4.20 - 4.25	4.30 - 4.35	4.40 - 4.45	5.58 - 5.63	5.73 - 5.78	5.83 - 5.88	6.79 - 6.84
Multiplikationsfaktor	2.76	2.76	1.95	2.00	2.00	1.88	2.29	1.17	1.10	1.60	1.40
Volumen wassergesättigt (ml)	800	800	800	800	800	800	800	800	800	800	800
Fauna											
Cladocera: Ephippium	298	154	62	30	60	43	734			1	
Ei-Fragmente	124	119	90	70	82	36	23	72	194	154	62
cf. Eier		58					1	1			
cf. Hüllen		14						2			
Insekten-Reste		8						20	32		91
Knochenfisch-Wirbel	1										
cf. Kotpillen (? Insekten)		1							1	5	
Schneide-Zähne		6									
Trichoptera: Larvenhüllen-Fragmente	1					1	39	2		6	31
Total	2115	2036	1852	1542	1629	1931	3093	2845	2159	1698	3267

Total Makroreste: 15280

Tab. 3: Die phytosoziologischen Gruppen von NW2/07: Die Makrorestanzahl ist in allen Proben hochgerechnet auf ein Einheitsvolumen von 800 ml.

Vertreter der folgenden phytosoziologischen Gruppen konnten in NW2/07 gefunden werden: Fluthahnenfuss-, Laichkraut- und Schwimmblattgesellschaften des Süsswassers (Potamogetonetalia), Nordische Zwischenmoor- und Schlenken-Gesellschaften (Scheuchzerietalia palustris), Röhrichte und Grossseggenriede (Phragmitetalia), mesophytische buchenwaldartige Laubwälder Europas (Fagetalia sylvaticae) und boreal-alpine Nadelwälder und subalpine-alpine Zwergstrauch-Gesellschaften (Piceetalia abietis).

Bei der Makrorestanalyse wurden Samen von Unterwasserpflanzen (z.B. *Potamogeton*) und Feuchtigkeit liebenden Pflanzen (z.B. *Carex*) gefunden, jedoch keine Trockenheits-Zeiger. Auch die Moor-Bäume (Birke) und Moose deuten auf ein durchwegs feuchtes Biotop hin.

In Abbildung 15 ist ein schematischer Querschnitt durch eine See-Uferzone eines verlandenden Sees zu sehen. Die in Tabelle 2 aufgelisteten phytosoziologischen Klassen bzw. deren Verbände sind in Abbildung 15 der Zone zugeordnet, in welcher sie gedeihen.

3.2.2.1 Fluthahnenfuss-, Laichkraut- und Schwimmblattgesellschaften des Süsswassers

Die Potamogetonetalia ist nach Oberdorfer (1992a: 89) eine Ordnung mit ausschliesslich wurzelnden ortsfesten Pflanzengesellschaften des Süsswassers, mit den Ordnungskennarten *Potamogeton pectinatus, P. lucens, P. pusillus, P. perfoliatus, Elodea canadensis, Myriophyllum spicatum.*

Die vier bestimmten Laichkrautarten – *P. alpinus, P. berchtoldii, P. filiformis* und *P. obtusifolius* – gehören ausnahmslos zum Potamogetonetalia-Ordnungs-Charakter.

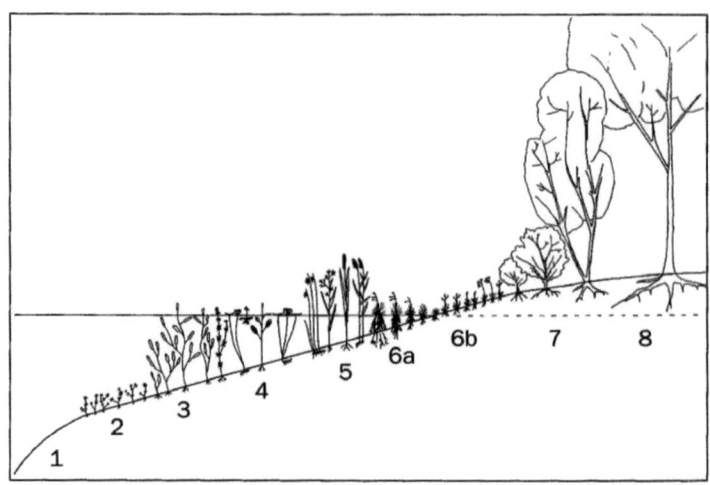

Abb. 15: Querschnitt durch eine See-Uferzone eines verlandenden Sees aus Baltisberger (1997: 167-168), in Klammern: Phytosoziologische Begriffe nach Oberdorfer (1992a&b)
1) Offenes, tiefes Wasser
2) Algen **(Charetea fragilis)**
3) Submerse Vegetation: Unterwasserpflanzen ab ca. 6 m Wassertiefe **(Potamogetonion)**
4) Schwimmblattges.: Pflanzen mit Schwimmblättern, ab ca. 3 m Wassertiefe **(Nymphaeion)**
5) Röhricht: Im Wasser stehende Pflanzen, ab ca. 1.5 m Wassertiefe **(Phragmition)**
6a) Grossseggenried **(Magnocaricion)**
6b) Kleinseggenried **(Scheuchzerio-Caricetea fuscae)**
7) Verbuschungszone
8) Moor- oder Bruchwald: Dauerhaft vernässter Boden **(Piceo-Vaccinienion uliginosi** , auch **Al-no-Ulmion)**

Ihnen ist gemeinsam, dass sie in stehenden oder langsam fliessenden, klaren, basen-reichen und oft kalkarmen Gewässern vorkommen und auf humosen (Torf-) Schlammböden wachsen (Oberdorfer 2001: 103-104). *P. alpinus* kommt nach Hegi (1981: 230) heute in den Alpen bis auf 2100 m.ü.M. vor und gilt als Reinwasser-Zeiger. *P. filiformis* ist in Nordeuropa bis Island und zum Nordkap verbreitet und wächst bei Zermatt in alpinen Seen bis auf 2450 m.ü.M. (Hegi 1981: 243).

P. obtusifolius erreicht seine nördliche Verbreitungsgrenze heute bei den Orkney-Inseln (59. nördl. Breitengrad), Trondheim (63. nördl. Breitengrad), Tornea (Lapp-land, 65. nördl. Breitengrad) und Ost-Karelien, die südliche Grenze verläuft im Fran-zösischen und Schweizer Jura, wo das stumpfblättrige Laichkraut z.B. im Lac de Taillères bei La Brévine vorkommt (Hegi 1981: 237).

Am häufigsten tritt *Potamogeton berchtoldii* auf, zum Teil mit grossen Stückzahlen, z.B. in den Proben 7 (86), 8 (118) und 9 (90). Von *P. filiformis* konnte nur ein einzel-ner Samen gefunden werden (Probe 10).

Myriophyllum alterniflorum ist eine Ordnungs-Charakter-Art von Littorelletalia, kommt aber unter anderem auch im Verband der Ranunculion fluitantis vor und ist häufig in stehenden oder fliessenden, meist kühlen, kalkarmen Gewässern in 0,3 – 2 m Tiefe, auf Sand- oder Torfschlammböden anzutreffen (Oberdorfer 2001: 691). Die Ökologie des wechselblütigen Tausenblatts ist somit sehr ähnlich wie die der Laichkräuter. Seine heutige Verbreitung reicht nach Hegi (1975: 904) von Nord-Portugal und Spanien bis nach Grönland, Island und Lappland.

Probenummer 6 weist mit 19 Stück die grösste Anzahl an *M. alterniflorum* Samen auf. Es konnten noch in vier weiteren Proben vereinzelte Samen gefunden werden.

RANUNCULUS Sect. BATRACHIUM	
R. aquatilis	Potamogetonetalia-Ordn.char. / v.a. Nymphaeion
R. peltatus	Nymphaeion / auch Ranunculion fluitantis
R. penicillatus	Ranunculion fluitantis
R. circinatus	v.a. Nymphaeion, auch Nanocyperion
R. trichophyllus	schwacher Ranunculion fluitantis-Verb.char. / auch Potamogetonion
R. rionii	Potamogetonion-Ges.
R. fluitans	Ranunculion fluitantis-Verb.char.
R. hederaceus	Ranunculion fluitantis / atlantisch - Küstenbereich
R. tripartitus	Nymphaeion, auch Nanocyperion / atlantisch - Küstenbereich
R. baudotii	Potamogetonion / mediterran-atlant. - Küstenbereich
R. ololeucos	Litorelletea-Kl.Char. / atlantisch - Küstenbereich
CALLITRICHE sp.	
C. hermaphroditica	Potamogetonetalia-Ges.
C. hamulata	Ranunculion fluitantis
C. cophocarpa	Ranunculion fluitantis / selt. andere Potamogetonetalia-Ges.
C. palustris	Nymphaeion oder Litorelletea
C. stagnalis	Ranunculion fluitantis, auch andere Potamogetonetalia-Ges.
C. platycarpa	Ranunculion fluitantis
C. brutia	in still.flachen Gewässern, eher wärmerer Gebiete
C. obtusangula	Ranunculion fluitantis / eher wärmere Gebiete

Tab. 4: Alle Arten von *Ranunculus* Sect. *Batrachium* und *Callitriche* sp. mit den ihnen nach Oberdorfer (2001: 416-418, 789-791) zugeordneten phytosoziologischen Gruppen. Die unterhalb der punktierten Linie aufgeführten Arten können für das untersuchte Profil ausgeschlossen werden.

Ebenfalls in die Soziologie der Potamogetonetalia passen der Hahnenfuss der Untergattung *Batrachium* und der Wasserstern (siehe Tab. 4). Denn die Hahnenfuss-Arten der Untergattung *Batrachium* wie auch die Wasserstern-Arten wachsen alle entweder im Verband der Ranunculion fluitantis-, der Potamogetonion- oder der Nymphaeion-

Gesellschaften. Die Arten unterhalb der gestrichelten Linie passen nach ihrer Ökologie (atlantisch – Küstenbereich bzw. wärmere Gebiete) nicht ins erwartete Biotop und werden für die weitere Interpretation ausgeschlossen.

Ranunculus Sect. *Batrachium* kommt in den Proben 5 – 11 vor. In den Proben 5, 6 & 11 mit grossen Stückzahlen: 124, 91 bzw. 103. Samen des Wassersterns konnten nur in den Proben 6 (47), 10 (1) & 11 (130) gefunden werden.

Die Characeae (Armleuchteralgen) ist die charakteristische Familie der Klasse der Charetea fragilis. Nach Oberdorfer (1992a: 78) treten sie auch als untergeordnete Glieder in Potamogetonion-Gesellschaften auf. Sie bevorzugen klare, eher stille, lichtdurchflutete, kalziumreiche, aber phosphatarme, allgemein eher nährstoffarme Gewässer mit einem pH-Wert von 5 – 10 und wachsen auf Silt, Schlamm, Torf oder Sand (Schubert & Blindow 2003: 5-6).

Weil nur wenige Oogonien gefunden werden konnten (in Probe 5 & 6 je ein Stück) und weil die Characeen von der Ökologie her gut in die Potamogetonetalia-Gesellschaften passen, verzichte ich auf eine eigene soziologische Gruppe.

Alle in diesem Kapitel beschriebenen Pflanzen kommen vor allem in den Probennummern 5 – 11 vor, das heisst, in den oberen Torfschichten. In diesen Proben stammen zwischen 4 – 17% der Makroreste aus der Gruppe der Potamogetonetalia. Da das auftretende Artenspektrum in den Proben 5 – 11 ähnlich ist und alle aus der Torfschicht III stammen, werden sie für die Interpretation in Tabelle 6 zur Gruppe III zusammengefasst.

3.2.2.2 Nordische Zwischenmoor- und Schlenken-Gesellschaften

Die Ordnung der Scheuchzerietalia palustris ist nach Oberdorfer (1992a: 221-234) in zwei Verbände aufgeteilt: Im einen Verband sind die Schlenken-Gesellschaften, im anderen die Zwischenmoorgesellschaften zusammengeschlossen. Letztere kommen heute meist an kalkarmen, basenreichen Standorten vor, welche zum Teil als Glazialrelikte gedeutet werden können. *Menyanthes trifoliata* und *Potentilla palustris* weisen darin einen deutlichen Schwerpunkt ihres Vorkommens auf und sind nach Oberdorfer (1992a: 229) deswegen auch schon als Verbands-Kennarten angegeben worden. Beide Arten haben gemeinsam, dass sie auf nassen, zeitweilig überschwemmten, mässig nährstoffreichen, neutral- bis mässigsauren Torf-Schlammböden vorkommen (Oberdorfer 2001: 534,750). Allgemein lässt sich über Zwischenmoore sagen, dass sie baumfrei sind, auf grundwasserbeeinflussten Standorten wachsen und Schwingrasen ausbilden können (Mertz 2000: 312).

Potentilla palustris ist nach Hegi (2003: 123) heute über einen grossen Teil der nördlichen Hemisphäre verbreitet: Die Nordgrenze geht bis Island, in Skandinavien bis zum 71. nördlichen Breitenkreis und bis zur Eismeerküste Nordsibiriens. *Menyanthes trifoliata* weist nach Hegi (1975: 1958) heute eine zirkumpolare Verbreitung auf und ist in Europa bis Island und Magerö (Nordkap) zu finden. Im Wallis kommt der Fieberklee am Lac de Chanrion bis auf 2400 m.ü.M. vor.

Das Sumpf-Blutauge (*P. palustris*) kommt in einigen Proben vereinzelt vor, in Probe Nr. 1 mit einem Maximum von 119 Samen. In den Proben 3, 4 und 11 fehlt es gänzlich. Der Fieberklee (*M. trifoliata*) wurde nur in den Proben 3 und 4 gefunden, in der tiefsten Torfschicht (Probe 4) mit 205 Samen in einer erstaunlich hohen Anzahl. Die Pflanzen dieser Gruppe kommen also vor allem in den Probenummern 1 – 4 vor. In diesen Proben macht die Gruppe der Scheuchzerietalia palustris einen eher kleiner Prozentsatz (max. 8%) der Makroreste aus.

3.2.2.3 Carex in Scheuchzerio-Caricetea fuscae, Phragmitetea oder Querco-Fagetea?

Die Seggen-Arten aus Tabelle 1, welche mässig-gut bis sehr gut zum erwarteten Biotop passen, wurden in einer neuen Tabelle 5 mit ihrer Soziologie nach Oberdorfer (1992a: 119-272) in Verbindung gebracht. Drei Arten mit tricarpellaten Früchten kommen häufig in Phragmitetea-Gesellschaften (v.a. Magnocaricion), vier in der Klasse der Scheuchzerio-Caricetea fuscae und zwei in der Klasse der Querco-Fagetea (v.a. Alno-Ulmion) vor. Bei den bicarpellaten Arten sind es zwei in Phragmitetea und je eine in Scheuchzerio-C.f. bzw. in Querco-Fagetea. Eine Art passt in keine der drei Gruppen. Die sechs weiteren Seggen-Arten, welche nur von der Grösse her passen, kommen ebenfalls in diesen drei Gruppen vor.

Die tricarpellaten Früchte kommen in allen Proben vor, die meisten wurden in den Probenummern 10 (896 Stück) und 11 (727) gezählt. In den Probenummern 2, 5, 7 und 8 gibt es keine bicarpellaten Früchte, die grösste Stückzahl mit 121 findet sich in Nummer 4. In Probe 10 machen die Seggen 82% aller Makroreste aus, in den Proben 7, 8 und 9 um die 50%.

Dadurch, dass mehrere potentielle Seggen-Arten in denselben drei phytosoziologischen Gruppen vorkommen, kann ihr Lebensraum auf die Röhricht und Grosseggen-

Gesellschaften (Phragmitetea), auf die Flach- und Zwischenmoore (Scheuchzerio-Caricetea f.), sowie auf die Auenwälder (Alno-Ulmion) begrenzt werden.

	Tricarpellate Früchte	Carex acutiformis Ehrh.	Carex hostiana DC.	Carex limosa L.	Carex pallescens L.	Carex panicea L.	Carex pendula Huds.	Carex rostrata Stokes	Carex vesicaria L.	Bicarpellate Früchte	Carex echinata Murray	Carex elata All.	Carex remota L.	Carex vulpina L.
Alno-Ulmion & Alnion, ferner Magnocaricion	x													
Caricion davallianae - Verbandscharakter, auch im Molinion		x												
Rhynchosporion albae			x											
schwacher Nardetalia - Ordnungscharakter (Borstgrasrasen)					x									
Tofieldietalia, auch Caricetalia fuscae oder Molinietalia-Gesellschaft						x								
Alno-Ulmion							x							
Caricion lasiocarpae & andere Scheuchz.Caricetea- Ges., auch Magnocaricion									x					
Magnocaricion										x		x		
Caricion fuscae - Verbandscharakter, auch Calthion- & Juncion-Ges.											x			
Alno-Ulmion oder feuchte Fagion-, Carpinion-Ges.													x	
Magnocaricion, auch im Phalaridetum														x
Phragmitetea (Magnocaricion)	x							x	x		x			x
Scheuchzerio-Caricetea fuscae		x	x		x				x		x			
Querco-Fagetea (Alno-Ulmion)	x						x						x	

Tab. 5:   Mögliche Carex-Arten und ihre Soziologien nach Oberdorfer (1992a: 119-272)

Die Klasse der Phragmitetea umfasst nach Oberdorfer (1992a: 119) Verlandungsge-sellschaften stehender und fliessender Gewässer. Im Verband des Magnocaricion sind die Gross-Seggenriede zusammengeschlossen, welche sich an flach überschwemm-ten, teilweise trockenfallenden Stellen finden (Oberdorfer 1992a: 139).

Die Klasse Scheuchzerio-Caricetea fuscae vereint Kleinseggen-Sümpfe und Wie-senmoore auf torfigen Böden, die langfristig von Grund-, Quell- oder Sickerwasser durchfeuchtet werden. Sie sind weitgehend gehölzfrei und werden von niedrigen Seggen, Binsen und Wollgräsern beherrscht (Oberdorfer 1992a: 221).

Ein Auenwald liegt gewöhnlich im Strombereich eines Baches und wird periodisch von Hochwasser überflutet. Zudem hat er meist Anschluss an hoch stehendes Grundwasser. Es kann im Alno-Ulmion von vegetationsfreien Flächen, über offene

Pioniergesellschaften bis zu reifen Auenwäldern alles auftreten.[6]

Alle drei Gruppen sind Nässe- oder zumindest Feuchtezeiger und die hier gefundenen Seggen somit auch.

3.2.2.4 Nadelwald- und Moorwald-Gesellschaften

Als einziger Baum konnte in den Makroresten die Birke nachgewiesen werden. Im Gegensatz zu den früher untersuchten Profilen fehlen hier Makroreste der Fichte (*Picea*). Die zwei vermuteten Birken-Arten *B. pubescens* und *B. nana* kommen im Unterverband der Moorwälder (Piceo-Vaccinienion uliginosi) vor. Dieser gehört nach Oberdorfer (1992b: 53-59) zur Ordnung der Piceetalia abietis, welche bodensaure Nadel- und Moorwälder des Nordens und Nordostens wie auch höherer europäischer Gebirge beinhaltet.

Betula pubescens kommt heute im Birkenmoor- und Birkenbruchwald vor allem im Gebirge oder in Zwischenmooren vor (Oberdorfer 2001: 313). Der Birkenmoorwald ist nach Oberdorfer (1992b: 59-60) eine mehr mesotrophe Gesellschaft mit borealem Charakter und gilt als nordische Reliktgesellschaft. Gelegentlich tritt die Moorbirke im Bereich von Niedermooren der Scheuchzerio-Caricetea fuscae auf und in Verbindung mit oligotrophen Grossseggen des Magnocaricion kann sie einen Moorbirken-Sumpfwald bilden (Oberdorfer 1992b: 59).

Betula nana ist häufig als Eiszeitrelikt in Birken- und Kiefernmooren und seltener in offenen Hochmooren anzutreffen (Oberdorfer 2001: 314).

Beiden Arten ist gemeinsam, dass sie auf nassen bis feuchten, mässig nährstoffreichen, basenarmen, sauren, modrig-humosen Torfböden wachsen (Oberdorfer 2001: 313-314). Diese Ökologie passt zur soziologischen Klasse der Scheuchzerio-Caricetea fuscae.

In den Proben Nr. 4 – 11 konnten nur vereinzelte Birken-Früchte und Schuppen gefunden werden. Etwas mehr Funde gibt es in den Proben 1 (8) und 3 (10). Die mit 106 grösste Stückzahl findet sich in Probe Nr. 2.

Neben den bestimmten Makroresten der Birke konnten viele unbestimmte Holzstücke aussortiert werden. Die Probenummern 1 – 4 enthalten gegenüber den Proben 5 – 11 sehr viele Stücke: Von 461 (Nr. 2 und 3), über 687 (Nr. 1) bis 822 (Nr. 4).

---

[6] Die Informationen in diesem Abschnitt stammen aus Oberdorfer (1992b: 139).

3.2.2.5 Moose

Moos-Reste unterschiedlicher Formen konnten ausser in Probenummer 11 in allen Proben gefunden werden. Die mit 984 deutlich grösste Stückzahl findet sich in Probenummer 4. Die Moose machen 40% der gesamten Makrorestanzahl dieser Probe aus. Des Weiteren gibt es eine grössere Menge Bryophyta (458) in Probenummer 1. Die Moose werden zu einem späteren Zeitpunkt durch eine spezialisierte Fachperson genauer bestimmt.

3.2.2.6 Fauna

Die *Cladocera* sind kontinental weit verbreitet und kommen in allen Süsswasser-Biotopen vor, ausgenommen sind Orte mit starken Strömungen. Die Arten, welche in vegetations-reichen Biotopen leben sind zahlreicher. Der Grossteil dieser Spezies toleriert pH-Werte zwischen 4 – 9.[7]

Die Ephippien wurden in den Proben 5 – 11 gefunden. Es sind dies die Proben mit vielen Pflanzenarten der Potamogetonetalia. Die Stückzahlen variieren von 30 (Probe 8) bis 734 (Probe 11).

Die in allen Proben gefundenen Eier konnten bisher nicht identifiziert werden. Russell Coope und Kollegen denken, dass es sich am ehesten um Eier von Würmern handelt (Schriftliche Mitteilung, 25.03.2010).

Die Köcherfliegenlarven-Hüllen werden von Russell Coope (Schriftliche Mitteilung, 25.03.2010) der Familie der Sericostomatidae zugeordnet und können vermutlich nicht genauer bestimmt werden. Sie geben keinen weiteren Hinweis auf die ehemaligen Umweltbedingungen, weil diese Arten heute in ganz verschiedenen Gewässertypen leben. Sie kommen in den Proben 4 (31 Stücke) und 11 (39) gehäuft vor und lassen sich daher auch keiner bestimmten pflanzensoziologischen Gruppe zuordnen. Russell Coope wird versuchen auch die weiteren gefundenen Insekten-Reste noch genauer zu bestimmen.

Der in Probenummer 5 gefundene Fisch-Wirbel deutet auf tieferes Wasser hin. Dies passt zu den vielen Funden von Potamogetonetalia-Arten in dieser Probe.

---

[7] Die Informationen in diesem Abschnitt stammen aus Margaritora (1985: 21-25).

3.2.3 Die Pflanzengesellschaften und ihr Klima

Die Makroreste lassen direkt keine Aussage zum damaligen Klima zu. Die Ökologie der bestimmten Pflanzen sagt jedoch etwas über ihre Standortansprüche aus. Diese ermöglichen nach dem Aktualitätsprinzip Aussagen über die Umweltbedingungen zur Zeit der Torfbildung.

Die oben beschriebenen pflanzensoziologischen Gruppen kommen heute in der Schweiz grösstenteils immer noch in stillen oder langsam fliessenden Gewässern, deren Uferzonen und in Flachmooren vor (Delarze & Gonseth 2008: 29-86). Damit Moore überhaupt entstehen können oder bestehen bleiben, müssen nach Keller & Krayss (1997: 40) folgende klimatischen Bedingungen gegeben sein: „Das Klima muss so niederschlagsreich sein, dass Nassareale nie austrocknen. Das erfordert stete Wasserzufuhr und niedrige Verdunstung bei relativ grosser Luftfeuchtigkeit und mässig hohen Temperaturen."

Ein Klima mit kühlen Temperaturen und ausreichend Niederschlägen hat palynologisch auch Drescher-Schneider (2009: unpub.) für die oberen Torfschichten von NW2/07 ausgewiesen. Die Torfe wurden ihrer Ansicht nach unter für eine Waldvegetation ungünstigen Klimabedingungen gebildet.

Diese Aussagen von Keller & Krayss und Drescher-Schneider und die nach den Makroresten rekonstruierte Ufer- und Moor-Vegetation passen gut zum in Drescher-Schneider et al. (2007: 128) beschriebenen kühlen interstadialen Klima, welches zur Zeit der Ablagerung des Mammuttorfes herrschte. Dazu passt auch, dass nach Burga & Perret (1998: 153) das heutige Hauptverbreitungsgebiet von *Betula nana* in Europa im deutlich kühleren Skandinavien liegt und sie in der Schweiz nur als Spätglazialrelikt vorkommt. An dieser Stelle kann allgemein festgehalten werden, dass einige in NW2/07 entdeckte Arten, wie zum Beispiel *Myriophyllum alterniflorum, Potamogeton filiformis, Potentilla palustris*, ein heutiges Ausbreitungsgebiet bis weit in den Norden Europas (Island, Lappland) haben. Ein interessanter Hinweis auf die Verträglichkeit mit kühlerem Klima ist das Vorkommen von *Potamogeton obtusifolius* in La Brévine, allgemein bekannt als „Sibirien der Schweiz". Dort herrschen in den kältesten Monaten Januar und Februar regelmässig Temperaturen von -30° C (N. N. 2010). *Menyanthes trifoliata* und *Potamogeton filiformis* kommen in den Walliser Alpen bis auf 2400 m.ü.M. vor. Für Zermatt (1638 m.ü.M.) gibt MeteoSchweiz (2009) eine Durchschnittstemperatur im Januar von -5° C an, welche 800 m höher nochmals einiges tiefer sein dürfte. Diese beiden Pflanzen ertragen also auch wesentlich kältere Temperaturen als wir heute im Flachland haben (Zürich ∅-Temp. Januar -0.5° C).

Aufgrund der Florenzusammensetzung eines Gebietes kann zwar auf den Klimacharakter geschlossen werden. Burga & Perret (1998: 31) betonen jedoch, dass die Florenzusammensetzung nicht allein vom Klima abhängt, sondern vor allem auch von der Distanz zu den Glazialrefugien, vom artspezifischen Fortpflanzungs-, Ausbreitungs- und Wandervermögen, von der Konkurrenzkraft der Arten und von der Bodenentwicklung. Für die Interpretation der Florenzusammensetzung ist also Vorsicht geboten.

3.2.4 Die phytosoziologischen Gruppen von NW2/07 im Vergleich mit NW/03 und NW/04

Wie bereits zu Beginn des Kapitels festgehalten, sind die Makroreste von NW2/07 artenärmer als die von NW/03 und NW/04. Alle in NW2/07 bestimmten Arten fanden sich bereits entweder in NW/03 oder in NW/04. Für den Vergleich beziehe ich mich auf die Tabelle des Profils Nummer 8, NW/03 (Drescher-Schneider et al. 2007: 121) und die Tabelle des Profils P1, NW/04 (Jacquat 2007: unpub.).

In NW2/07 wurde aufgrund der geringen Anzahl an gefundenen Characeen die Klasse der Charetea fragilis – Gesellschaft aus Armleuchteralgen – nicht separat ausgewiesen. Die Fluthahnenfuss-, Laichkraut- und Schwimmblattgesellschaft konnte in allen drei Profilen nachgewiesen werden. In NW/04 und NW2/07 hat sie ein ähnliches Artenspektrum und Ausmass, in NW/03 ist sowohl das Spektrum als auch die Makrorestanzahl dieser Gruppe kleiner. *Menyanthes trifoliata* und somit die Ordnung der Scheuchzerietalia fehlt in NW/03. Die Seggen kommen in allen drei Profilen in grosser Anzahl vor. Arten, welche für Wiesengesellschaften typisch sind, konnten in NW2/07 nicht gefunden werden. Die Birke kommt in allen Profilen vor. Für das Profil NW2/07 konnten jedoch keine Makroreste von Kieferngewächsen (Pinaceae) nachgewiesen werden. Die Gesellschaft der Gebüsche und Waldränder ist in NW/03 artenreicher als in NW/04, in NW2/07 fehlt sie gänzlich.

Insgesamt lässt sich festhalten, dass die Gyttia-Schichten aus NW2/07 eine sehr ähnliche Flora repräsentieren wie der 2003/04 untersuchte Mammuttorf. Der grosse Unterschied besteht darin, dass im etwa einen Meter mächtigen Mammuttorf paläobotanisch ein Fichten-Interstadial nachgewiesen werden konnte (Drescher-Schneider et al. 2007: 128). Eine solche Abfolge ist in den Gyttia-Schichten von NW2/07 jedoch nicht erkennbar.

4   Diskussion

Profile

Die Unterschiede in den stratigrafischen Profilen von NW1/07 und NW2/07 lassen vermuten, dass in Niederweningen während der Würmeiszeit nicht nur die Vegetationsdecke kleinräumig sehr unterschiedlich ausgeprägt war (wie von Drescher-Schneider et al. (2007: 126) postuliert), sondern das ganze Landschaftsgefüge. Die Profile NW1/07 und NW2/07 lagen möglicherweise im Deltabereich eines Baches, welcher von der Nordseite der Lägeren[8] herunterkam. So liesse sich die durchaus mächtige Kiesschicht zwischen den Gyttia-Horizonten II und III in NW2/07 erklären, welche in NW1/07 nicht auftritt. Auch die Silt-Schichten im oberen Teil der III. Gyttia-Schicht könnten dadurch erklärt werden. Beim Torf, der darüber liegt, könnte es sich um Material handeln, welches mit dem Bach in den See transportiert und an dieser Stelle abgelagert wurde. Die feinen Siltablagerungen deuten auf jeden Fall offenes, tiefes Wasser an. Auf den Fotos von M.A. Riedi ist gut zu erkennen, dass die I. Gyttia-Schicht von NW2/07 ebenfalls von Silt-Schichten durchzogen ist. Es könnte sich auch hier mindestens teilweise um umgelagertes Material handeln.

Die Abfolge von Silt- und Gyttia-Schichten in den 07er-Profilen umfasst nach Anselmetti et al. (2010) ungefähr 20'000 Jahre. Sie deutet auf mehrere Wechsel zwischen tieferem Gewässer und Verlandungsbereich. Das bedeutet, dass sich der Wasserspiegel während dieser Zeitspanne mehrmals massgeblich änderte. Einerseits könnte dies durch ein verändertes Abflussregime des Schmelzwassers des nahe gelegenen Gletschers verursacht worden sein. Andererseits könnte es sich um einen Wechsel klimatisch leicht wärmerer Phasen (mit grösserer Verdunstung und / oder geringerem Niederschlag) mit klimatisch kühleren Phasen handeln.

Die Tatsache, dass das 65 Meter weiter westlich gelegene Profil NW/03 einen über einen Meter mächtigen mittleren Torfhorizont aufweist, stützt die Theorie des kleinräumigen Landschaftsgefüges. An dieser Stelle wurde die Torfablagerung vom Bach anscheinend nicht gestört. Die Torfschicht aus der Baugrube 2004 könnte auch im Einflussbereich des Baches gelegen haben, welcher demzufolge für die Durchmischung mit Silt verantwortlich wäre.

---

[8] Hügelzug südlich von Niederweningen, nordöstlicher Ausläufer des Juragebirges.

Durch den Vergleich der Altersdatierungen kann davon ausgegangen werden, dass es sich bei den Bohrungen 2007 mindestens bei der obersten und mächtigsten Gyttia-Schicht (III) auch um den „Mammuttorf" handelt. Die Makrorestanalyse von NW2/07 spricht nicht zwingend dafür, aber auch nicht dagegen (siehe unten). Die II. Gyttia-Schicht könnte mit der 3. Schicht aus Profil NW/03 korrelieren. Um das abzusichern, fehlen jedoch Altersdatierungen. Auch die Korrelation der untersten Torf-schichten ist ohne weitere Altersdatierungen nicht möglich. Für das Profil NW/09 kann angenommen werden, dass dieser Torf dem „Mammuttorf" entspricht, weil er ebenfalls nur wenige Meter unter der Oberfläche liegt.

Makrorestanalyse

Das bezüglich der Analysen von NW/03 und NW/04 artenärmere Spektrum von NW2/07 kann verschiedene Ursachen haben. Ein Bohrkern beinhaltet eine sehr be-grenzte Menge des untersuchten Sediments und der beprobte Ort innerhalb einer Schicht ist als zufällig anzusehen. Zudem kommt hinzu, dass bei den Bohrarbeiten Material verloren gegangen ist und nicht die ganzen Bohrkernproben analysiert wur-den. Es kann sein, dass bei grösseren Proben mehr unterschiedliche Pflanzenarten hätten gefunden werden können. Ein weiterer Grund kann darin zu sehen sein, dass die Analysen von zwei Personen mit unterschiedlichem Erfahrungshorizont vorge-nommen wurden. In der NW2/07-Analyse sind verschiedene Samen noch unsicher bestimmt, welche für die Interpretation der Paläoflora wichtig sein könnten.

Die artgenaue Bestimmung der *Carex*-Früchte, von welcher erwartet wurde, genauere Aussagen über die Paläoflora machen zu können, ist leider nicht gelungen. Es er-staunt, dass eine mögliche phytosoziologische Gruppe der Seggen das Alno-Ulmion ist, zumal die Bäume in den Makroresten schwach vertreten sind. Falls vom Glet-scher ein Teil seines Schmelzwasser ins Wehntal floss, könnte es durch saisonal vari-ierende Pegelstände durchaus Auenwälder gegeben haben. Ich halte es trotzdem nicht für wahrscheinlich, da keine weitere Charakterart dieses Verbandes auftritt.

Die in den Probenummern 1 – 4 so viel zahlreicheren Holzstücke resultieren mög-licherweise daraus, dass diese Proben von einer anderen Person ausgelesen wurden als die Proben 5 – 11. Der Unterschied ist jedoch so gross, dass es nicht die einzige Ursache sein kann. Viel eher ist davon auszugehen, dass die Proben 1 – 4 tatsächlich mehr Holz enthalten, was auch durch die grössere Anzahl Makrorestfunde der Birke bestätigt wird.

Gyttiaschicht	III	II	II	I
Probe-Nr.	**5-11**	**1-2**	**3**	**4**
Anzahl Proben	7	2	1	1
Höhe im Profil (m)	3.67-4.45	5.58-5.78	5.83-5.88	6.79-6.84
Volumen wassergesättigt (ml)	5600	1600	800	800
Potamogetonetalia				
Callitriche sp.	178			
Characeae, Oogonien	2			
Myriophyllum alterniflorum	16	6		
Potamogeton sp.	11			
cf. *Potamogeton* sp.	1			
Potamogeton alpinus	18	1		
Potamogeton berchtoldii	325			
Potamogeton filiformis	1			
Potamogeton obtusifolius	62			
Potamogeton cf. *obtusifolius*	27			
Ranunculus Sect. *Batrachium*	336			
Scheuchzerietalia palustris				
Menyanthes trifoliata			5	205
cf. *Menyanthes trifoliata*				1
Potentilla palustris	19	139		
cf. *Potentilla palustris*	6	4		
Scheuchzerio-Caricetea f., Phragmitetea,				
Querco-Fagetea				
Carex sp. (tricarpellat)	3170	623	30	51
cf. *Carex* sp. (tricarpellat)			1	
cf. *Carex* sp. (tricarp., lang & dünn)	57			
Carex sp. (bicarpellat)	106	9	10	121
cf. *Carex* sp. (bicarpellat)	42	41		1
Piceetalia abietis				
Betula sp., Frucht	3	70	10	
Betula sp., Fruchtschuppe	2			
cf. *Betula* sp., Frucht	1	1		
Betula cf. *nana*, Frucht	2	25		1
Betula cf. *nana*, Fruchtschuppe	2			
Betula cf. *pubescens*, Frucht		18		1
Unbestimmte Samen				
cf. Asteraceae	85	100	1	24
cf. Cyperaceae	541		1	
Varia - unbestimmte Samen	44	71	1	7
Unbestimmte Pflanzenfragmente				
Holz-Stücke	264	1148	461	822
Holzkohle-Stücke	16	4	1	3
Rinden-Stücke	1		78	
Zapfen-Stücke	64	6	43	
Bryophyta				
Bryophyta, Äste	963	683	5	818
Bryophyta, längliche spitze Blätter				41
Bryophyta, sichelförmige Blätter		12	6	125
Fauna				
Cladocera: Ephippium	1382		1	
Ei-Fragmente	543	266	154	62
cf. Eier	59	1		
cf. Hüllen	14	2		
Insekten-Reste	8	52		91
Knochenfisch-Wirbel	1			
cf. Kotpillen (? Insekten)	1	1	5	
Schneide-Zähne	6			
Trichoptera: Larvenhüllen-Fragmente	41	2	6	31

Tab. 6: Artenvorkommen von NW2/07 in den drei Gyttia-Schichten I – III.
Die Probenanzahl der Schichten variiert.

Tabelle 6 fasst die Makroreste für die drei Gyttia-Horizonte I – III von Profil NW2/07 zusammen. Für einen Vergleich ist sie eigentlich nicht geeignet, da aus den drei Horizonten eine ungleiche Anzahl Proben genommen wurde (eine Probe vs. sieben Proben in einer Schicht) und sie unterschiedliche Zeitdauern abbilden. Sie zeigt jedoch ganz deutlich auf, wie die Pflanzenarten verteilt sind. Besonders augenfällig wird so, wo eine Art nicht vorkommt. Für die genaue Artenzahl pro Probe siehe Tabelle 3.

Gyttia-Schicht I:
Nummer 4 ist die einzige Probe aus dieser Schicht. Die vielen Samen von *Menyanthes trifoliata* und *Carex* und die grosse Anzahl an Moosresten deuten auf ein ehemaliges Zwischenmoor ohne offene Wasserfläche hin, in welchem sich Insekten (über 100 Fundstücke) wohl fühlten. Die mit 34% relativ grosse Menge an Holzstücken bezeugt das Vorhandensein von Bäumen, obwohl fast keine Makroreste der Birke gefunden wurden.

Gyttia-Schicht II:
Aus dieser Schicht stammen die Proben 1 – 3.
Nummer 3 hat vom Artenauftreten her die gleiche Flora wie Nummer 4. Der grösste Unterschied besteht darin, dass die Holzreste über 60% der Makroreste dieser Probe ausmachen und alle anderen Arten in geringerer Anzahl vorhanden sind als in Probe 4. Das viele Holz bedeutet möglicherweise, dass dieser Torf eher am Rande eines Moores oder nahe einer Baumgruppe entstand. Das einzeln auftretende Ephippium des Wasserflohs passt nicht zur Ökologie dieses Torfes. Es könnte durch Wind eingebracht worden sein.
Die Proben 1 und 2 sind wegen der vereinzelten *Myriophyllum*-Samen als leicht nasser anzunehmen, da diese Art in 0,3 – 2 Meter tiefem Wasser lebt. *Menyanthes trifoliata* tritt nicht mehr auf, dafür *Potentilla palustris*. Diese beiden Arten haben jedoch die selbe Ökologie, so dass sich mit *Carex* (~20%), *Betula* und wieder vielen Holz- (34%) und Moosresten (~20%) ebenfalls das Bild einer Zwischenmoor-Gesellschaft ohne grosse offene Wasserflächen ergibt.

Gyttia-Schicht III:
Sieben Proben (Nummer 5 – 11) wurden aus dieser Schicht entnommen. Sie alle zeigen eine ähnliche, nasse Flora mit vielen *Ranunculus*- und *Potamogeton*-Samen, *Callitriche* und *Myriophyllum*. Von diesen Pflanzen abgeleitet heisst das, es hatte eindeu-

tig eine offene und mindestens drei Meter tiefe Wasserfläche. Die gefundenen Ephippien des Wasserflohs bestätigen dieses Wasservorkommen. Obwohl die Seggen auch hier stark vertreten sind (in Nr. 10 z. B. über 80%), stelle ich alle Proben zur Gruppe der Potamogetonetalia. Möglicherweise handelt es sich bei diesen Seggen eher um Arten aus der Gruppe der Grossseggenriede (Magnocaricion), welche nahe am offenen Wasser wachsen. Die Seggen wuchsen mit Sicherheit nicht im submersen Bereich, aber durch das Fehlen eines Röhricht-Gürtels konnten die Früchte im Wasser wahrscheinlich gut in die tiefere Zone gelangen und dort abgelagert werden. Die Anzahl Makroreste innerhalb der Gruppe der Potamogetonetalia variiert zum Teil stark: Probenummer 5 beinhaltet mit Abstand den grössten Anteil an Samen des *Ranunculus* Sect. *Batrachium* (94% der Wasserpflanzen dieser Probe) und Probe 11 des Wassersterns (42%). Bei den Proben 7 – 9 machen die Laichkräuter praktisch 100% der Wasserpflanzen aus. Die dominierende Wasserpflanze hat demzufolge im Verlauf der Zeit gewechselt.

Innerhalb der 78 cm, welche diese sieben Proben abdecken, ist keine Floren-Abfolge erkennbar, wie dies etwa beim „Mammuttorf" der Fall ist.

Die Gyttia-Horizonte I & II widerspiegeln zusammengefasst Zwischenmoor-Bedingungen, der Horizont III die Zone der Unterwasserpflanzen. Betrachtet man die Gruppen mit Blick auf ihre Position im Profil, kann man sagen, dass die Flora der Gyttia-Schichten von unten nach oben nasser wird. Falls es im Wehntal einen grösseren See gegeben hat, war dessen Ausdehnung während des mittleren Würm unterschiedlich gross, so dass sich die Uferzone bei einer Verkleinerung des Sees gegen die Talachse verschob und die Floren in NW2/07 deswegen variieren. Der Fischwirbel und die feinen Silte zwischen den Gyttia-Schichten sprechen für das Vorhandensein eines Sees. Oder die Floren variieren, weil die Gyttia-Horizonte I und II aus vom Bach eingebrachtem Torf-Material der Uferzone bestehen und nur der Gyttia-Horizont III in situ abgelagert wurde. Dies würde bedeuten, dass sich der Seewasserspiegel nur einmal gesenkt hätte.

Im Vergleich mit NW/03 und NW/04 fehlen die Kieferngewächse und die Gebüsch- und Waldrandvegetation. Es handelt sich bei NW2/07 also nicht um ein vollständig ausgebildetes Interstadial wie beim Mammuttorf. Wegen den ungünstigen Klimabedingungen für Waldwachstum könnte es sich jedoch um den Anfang oder das Ende des Interstadials handeln.

Aus stratigrafischer und pflanzensoziologischer Sicht können die Gyttia-Schichten NW2/07 dem Mammuttorf zugeordnet werden.

Klima

Bei der Interpretation der Flora bezüglich ihrer Klimabedingungen ist Vorsicht geboten: Aufgrund der unter Kapitel 3.2.3 beschriebenen Gründe, können Floren ihre Ausgestaltung auch aus ganz anderen Gründen als den klimatischen haben. Es kommt trotzdem klar zum Ausdruck, dass einige gefundene Pflanzenarten heute in klimatisch deutlich kühleren Gebieten gedeihen. Diese Tatsache passt zum von Drescher-Schneider (2009: unpub.) beschriebenen, aus der Pollenanalyse von NW2/07 ermittelten Klima mit kühlen Temperaturen und ausreichend Niederschlag. Auch das Paläoklima des Mammuttorfes (mässig-kühles Interstadial) kann für NW2/07 adaptiert werden. Es gibt offensichtlich keine Widersprüche zum Paläoklima, welches durch die Käferanalyse von Coope (2007) ermittelt wurde.

5   Schlussfolgerungen

Die durchgeführte Makrorestanalyse bringt die erste Hypothese betreffend, wonach die Gyttia-Schichten NW2/07 dem Mammuttorf entsprechen, keine neuen Erkenntnisse. Die Ergebnisse sprechen weder eindeutig dafür noch dagegen. Die zweite Hypothese „Keine wesentlichen Änderungen im Artenvorkommen gegenüber NW/03, NW/04" trifft insofern zu, als dass alle Arten, welche in NW2/07 gefunden wurden bereits von NW/03 und NW/04 bekannt waren. Die Anzahl gefundener Gattungen bzw. Arten ist jedoch bedeutend geringer. Die dritte Hypothese eines leicht feuchteren Biotops in NW2/07 konnte bestätigt werden. Pflanzen einer Verbuschungszone oder in Wiesen lebende Arten konnten in den Gyttia-Schichten von NW2/07 keine bestimmt werden, sondern nur eindeutige Nässe- und Feuchtezeiger.

Der ganze Zyklus an Gyttia- und Silt-Schichten in den Profilen 2007 deckt einen Zeitraum von ungefähr 20'000 Jahren während des mittleren Würm ab (Anselmetti et al. 2010). Innerhalb dieser Zeitspanne kam es dreimal zu Gyttia-Ablagerungen. Das heisst, es gab im Wehntal zweifellos erhebliche Änderungen im Wasserhaushalt. Es bleibt jedoch offen, wie oft. Da sich die Stelle der Bohrungen von 2007 höchstwahrscheinlich im Deltabereich eines Baches befand, ist nicht auszuschliessen, dass es sich bei der einen oder anderen Gyttia-Schicht um umgelagertes Torfmaterial handelt, welches durch den Bach in den See eingebracht wurde und dort zur Ablagerung kam. Die Ursache für das Sinken des Wasserspiegels und der damit einhergehenden Verschiebung der Uferzone talwärts kann in klimatisch leicht wärmeren Phasen mit grösserer Verdunstung und / oder weniger Niederschlag zu sehen sein.

Die artgenaue Bestimmung der Seggen ist nicht gelungen und somit entfällt auch die erhoffte Präzisierung der ökologischen Bedingungen während der Torfablagerung. Der zeitliche Rahmen dieser Arbeit liess es nicht zu, die unsicher bestimmten Samen (cf. Asteraceae und cf. Cyperaceae) intensiver zu untersuchen. Da diese Samen das Bild der Paläoflora vervollständigen würden, wäre es sinnvoll eine genauere Bestimmung zu versuchen. Durch die Bestimmung der Holzreste könnten eventuell genauere Aussagen zum Baumbestand im Wehntal gemacht werden, zumal die Makroreste bis jetzt nur das Vorhandensein der Birke beweisen. Auch die genauere Bestimmung der Moose wäre wünschenswert. Sie kann möglicherweise konkretere Aussagen über die Art des Moores ermöglichen. Des Weiteren kann gehofft werden, durch die Bestimmung der Insekten mehr über das Paläoklima zu erfahren wie dies bei den Funden von 2003 der Fall war.

Für aussagekräftigere Ergebnisse betreffend des Torfwachstums während eines Interstadials müsste man mehr Torf bzw. mehr Proben aus dem Bohrkern untersuchen. Vor allem die unteren Schichten (0, I, II) sind gar nicht oder nur unvollständig beprobt. Es ist jedoch zu bezweifeln, ob aus diesen artenarmen Gyttia-Schichten wirklich noch mehr Erkenntnisse gewonnen werden können.

Mit dieser Arbeit konnte ein weiterer Mosaikstein zur Erforschung des Wehntals und zur Entschlüsselung seiner glazialen Geschichte hinzugefügt werden. Sie belegt die kleinräumigen Unterschiede im Landschaftsgefüge während des Mittelwürm. Wie und wo welche Torf- bzw. Gyttia-Schichten im Untergrund von Niederweningen verlaufen, ist unsicher. Zur weiteren Erforschung der Torfablagerungen werden in Zukunft vor allem grossflächige Grabungen von Interesse sein, sprich grössere Bauvorhaben mit Aushub von mehreren Metern tiefen Gruben. Die Erforschung der glazialen Geschichte des Wehntals wird mindestens im Rahmen des am Anfang erwähnten SNF-Projektes weiter andauern, möglicherweise noch darüber hinaus.

Literatur

AALTO M. (1970): Potamogetonaceae fruits. I. Recent and subfossil endocarps of the fennoscandian species, in: Acta Botanica Fennica 88, Helsinki: University, Department of Botany.

ANDERBERG A.-L. (1994): Atlas of Seeds and small fruits of Northwest-European plant species with morphological descriptions. Part 4, Resedaceae – Umbelliferae, Stockholm: Swedish Museum of Natural History.

ANSELMETTI F. S., DRESCHER-SCHNEIDER R., FURRER H., GRAF H. R., LOWICK S. E., PREUSSER F., RIEDI M. A. (2010): A ~180'000 years sedimentation history of a perialpine overdeepened glacial trough (Wehntal, N-Switzerland). Swiss journal of geosciences, Vol. 103, S. 345-361.

BALTIGSBERGER M. (1997): Einführung in die Systematik der Pflanzen. Zürich: vdf Hochschulverlag AG an der ETH.

BERGGREN G. (1969): Atlas of seeds and small fruits of Northwest-European plant species with morphological descriptions. Part 2, Cyperaceae, Stockholm: Swedish Natural Science Research Council.

BRUNOTTE E., GEBHARDT H., MEURER M., MEUSBURGER P., NIPPER J. (2001-2002): Lexikon der Geographie in vier Bänden. Heidelberg: Spektrum Akademischer Verlag.

BURGA C. A., PERRET R. (1998): Vegetation und Klima der Schweiz seit dem jüngeren Eiszeitalter. Thun: Ott.

COOPE G. R. (2007): Coleoptera from 2003 excavations of the mammoth skeleton at Niederweningen, Switzerland. In: Quaternary International, Volumes 164-165: 130-138.

DELARZE R., GONSETH Y. (2008): Lebensräume der Schweiz. Ökologie – Gefährdung – Kennarten, 2. Auflage, Bern: Ott.

DRESCHER-SCHNEIDER R. (2009) unpub.: Die pollenanalytische Bearbeitung der Tiefbohrungen NW2-07 und NW3-07 in Niederweningen. Kainbach bei Graz.

DRESCHER-SCHNEIDER R. (2008) unpub.: Pollenanalytische Untersuchungen des Torfprofils Mammut 2004. Kainbach bei Graz.

DRESCHER-SCHNEIDER R., JACQUAT CH., SCHOCH W. (2007): Palaeobotanical investigations at the mammoth site of Niederweningen, Switzerland. In: Quaternary International, Volumes 164-165: 113-129.

FURRER H., MÄDER A. (2008): Mammutmuseum Niederweningen. Eine natur- und kulturgeschichtliche Ausstellung, 2. Auflage, Niederweningen: Stiftung Mammutmuseum.

FURRER H., GRAF H. R., MÄDER A. (2007): The mammoth site of Niederweningen, Switzerland. In: Quaternary International, Volumes 164-165: 85-97.

GIS-ZH (2010): GIS-Browser (Online Karten). Amtliche Vermessung (AV93), Kanton Zürich, http://www.gis.zh.ch/gb4/bluevari/gb.asp?app=gb-av&vn= 4%2411&rn= 7%248, Zugriff: 07.04.2010.

HAJDAS I., BONANI G., FURRER H., MÄDER A., SCHOCH W. (2007): Radiocarbon chronology of the mammoth site at Niederweningen, Switzerland: Results from dating bones, teeth, wood and peat. In: Quaternary International, Volumes 164-165: 98-105.

HEGI G. (2003): Illustrierte Flora von Mitteleuropa. Band IV, Teil 2C, Spermatophyta: Angiospermae: Dicotyledones 2 (4), Rosaceae Rosengewächse 3. Teil, 2. Auflage, Berlin: Blackwell.

HEGI G. (1981): Illustrierte Flora von Mitteleuropa. Band I, Teil 2, Gymnospermae, Angiospermae, Monocotyledoneae 1, 3. Auflage, Berlin: Paul Parey.

HEGI G. (1975): Illustrierte Flora von Mitteleuropa. Band V, Teil 2 & 3, Dicotyledones, 2. Auflage, Berlin: Paul Parey.

JACOMET S., KREUZ A. (1999): Archäobotanik. Aufgaben, Methoden und Ergebnisse vegetations- und agrargeschichtlicher Forschung, Stuttgart: Ulmer.

JACQUAT CH. (2007) unpub.: Niederweningen ZH, Murzlenstrasse: Carpologie. Etude du profil sud P1 (2003.084), Zürich: Universität, Historisches Seminar, Abteilung Ur- und Frühgeschichte & Institut für Pflanzenbiologie.

JACQUAT CH. (1989): Hauterive-Champréveyres, 2. Les plantes de l'âge du Bronze. Contribution à l'histoire de l'environnement et de l'alimentation, Saint-Blaise: Editions du Ruau (Archéologie neuchâteloise, 8).

JERMY A. C., SIMPSON D. A., FOLEY M. J. Y., PORTER M. S. (2007): Sedges of the British Isles. B.S.B.I. Handbook No.1, Edition 3, London: Botanical Society of the British Isles.

JESSEN K. (1955): Key to Subfossil *Potamogeton*. In: Botanisk Tidsskrift, 52. Bind, 1. Hefte: 1–7, Kopenhagen: Ejnar Munksgaards.

KELLER O., KRAYSS E. (1997): Eiszeit, Relief und Moorstandorte. In: Berichte der St. Gallischen Naturwissenschaftlichen Gesellschaft, 88. Band: 33-54.

LAUBER K., WAGNER G. (2007): Flora Helvetica. Flora der Schweiz, 4. Auflage, Bern: Haupt.

LESER H. (2005): Diercke-Wörterbuch allgemeine Geographie. 13. Auflage, München: dtv.

MARGARITORA F. G. (1985): Cladocera a cura di Fiorenza G. Margaritora e la collaborazione di Mario Specchi. Fauna d'Italia, Vol. XXIII, Bologna: Edizioni Calderini.

MERTZ P. (2000): Pflanzengesellschaften Mitteleuropas und der Alpen. Erkennen - Bestimmen - Bewerten, ein Handbuch für die vegetationskundliche Praxis, Landsberg/Lech (D): ecomed.

METEOSCHWEIZ (2009): Bundesamt für Meteorologie und Klimatologie Meteo-Schweiz. Klimadiagramme von Schweizer Messstationen, http://www.meteoschweiz.admin.ch/web/de/klima/klima_schweiz/klimadiagramme.html, Zugriff: 26.04.2010.

N.N. (2010): La page d'accueil officielle de la commune La Brévine. http://www.labrevine.ch/histoire, Zugriff: 26.04.2010.

OBERDORFER E. (2001): Pflanzensoziologische Exkursionsflora für Deutschland und angrenzende Gebiete. 8. Auflage, Stuttgart: Ulmer.

OBERDORFER E. (1992a): Süddeutsche Pflanzengesellschaften. Teil I, Fels- und Mauergesellschaften, alpine Fluren, Wasser-, Verlandungs- und Moorgesellschaften, 3. Auflage, Jena: Gustav Fischer.

OBERDORFER E. (1992b): Süddeutsche Pflanzengesellschaften. Teil IV, Wälder und Gebüsche, A. Textband, 2. Auflage, Jena: Gustav Fischer.

PREUSSER F., DEGERING D. (2007): Luminescence dating of the Niederweningen mammoth site, Switzerland. In: Quaternary International, Volumes 164-165: 106-112.

SAUERMOST R. (2000-2004): Lexikon der Biologie in fünfzehn Bänden. Heidelberg: Spektrum Akademischer Verlag.

SCHLÜCHTER CH. (1994): Das Wehntal – Eine Schlüsselregion der Eiszeitenforschung. Sonderdruck, 28. Jahrheft, Oberweningen: Zürcher Unterländer Museumsverein.

SCHLÜCHTER CH. (1988): Neue geologische Beobachtungen bei der Mammutfundstelle in Niederweningen (Kt. Zürich). In: Vierteljahresschrift der Naturforschenden Gesellschaft in Zürich, 133/2: 99-108.

SCHUBERT H., BLINDOW I. (2003): Charophytes of the Baltic Sea. The Baltic Marine Biologists Publication No. 19, Ruggell (FL): A.R.G. Gantner.

SCHUBERT R., WAGNER G. (2000): Botanisches Wörterbuch. Pflanzennamen und botanische Fachwörter, 12. Auflage, Stuttgart: Ulmer.

SCOURFIELD D. J., HARDING J. P. (1966): A Key to the British Species of Freshwater Cladocera. Scientific Publication No. 5, 3. Edition, Ambleside: Freshwater Biological Association.

TOBOLSKI K. (1992): Pflanzliche Makroreste in Seesedimenten und Torf. Vorlesungsunterlagen für das Wintersemester 1992/93 (Nr. 7301), Posen (PL): Institut für Quartärforschung der A. Mickiewicz Universität.

WELTEN M. (1988): Neue pollenanalytische Ergebnisse über das Jüngere Quartär des nördlichen Alpenvorlandes der Schweiz (Mittel- und Jungpleistozän). Beiträge zur Geologischen Karte der Schweiz, Lieferung 162, Bern: Landeshydrologie und -geologie.

Anhang

A)   Schlämmprotokoll

Pflanzliche Makrorest-Analyse	**Ort: Niederweningen 2** Autorin: C. Bieri

Genaue Probebezeichnung:	Höhe im Profil:	Datum der Probeentnahme:
NW 2 / 07 Nr. 4	6.79 - 6.84	Analyse-Datum: 17.07.09

Makroskopische Beschreibung:	Bemerkungen: Torfmaterial hat Laminierung
eher dunkles Material mit hellen tonig-	> 2mm & > 1mm mit aufschwimmenden Samen & viel Silt
siltigen Einschlüssen, z.T. cm dick	* nach zweiter Siebung

Masse

Gesamtprobe:	Frischgewicht	400 g	Verdrängungsvolumen	320 ml	G/V (H_2O ges.):
	Gewicht wassergesättigt	660 g	Volumen wassergesättigt	570 ml	1.16 g/ml

Fraktionen	Total Volumen		Volumen organ. Material		ausgezählter Anteil
> 4mm			etwa 10 Holzstückli		
> 2mm	260 ml		218 ml		
> 1mm	100 ml		96 ml / 35 ml*		von 5 ml: alles*
> 0.5 mm	80 ml		74 ml		von 2 ml: 6x
> 0.2 mm	80 ml		70 ml		von 5 ml: 1x

B) Rohdatentabelle NW2/07

0.5 und 0.2 mm Fraktionen hochgerechnet

Probe-Nr.	5.1	5.2	5.3	5.4	5.5	6.1	6.2	6.3	6.4	6.5	7.1	7.2	7.3	7.4	7.5
Höhe im Profil (m)	3.67 - 3.72					3.95 - 4.00					4.00 - 4.05				
Gewicht wassergesättigt (g)	401.5					376					477				
Volumen wassergesättigt (ml)	290					290					410				
Vol. org. Material 0.5 mm / analysiertes Vol. (ml)	35 / 12					18 / 12					40 / 10				
Vol. org. Material 0.2 mm / analysiertes Vol. (ml)	45 / 5					50 / 5					55 / 5				
cf. Asteraceae				30										1	
Callitriche sp.									17						
Carex sp. (tricarpellat)			17	21				9	77					45	188
cf. Carex sp. (tricarpellat)															
cf. Carex sp. (tricarp., lang&dünn)															
Carex sp. (bicarpellat)									14						
cf. Carex sp. (bicarpellat)			2	1		1									16
Characeae, Oogonien					1					1					
cf. Cyperaceae				51					6						24
Menyanthes trifoliata															
cf. Menyanthes trifoliata															
Myriophyllum alterniflorum								2	5						
Potamogeton sp.								1							
cf. Potamogeton sp.															
Potamogeton alpinus			2					4							
Potamogeton berchtoldii				1		5			3					24	20
Potamogeton filiformis															
Potamogeton obtusifolius								1					1		
Potamogeton cf. obtusifolius															
Potentilla palustris															8
cf. Potentilla palustris				1					1				1		1
Ranunculus Sect. Batrachium				45					33						1
Varia - unbestimmte Samen				7	1			1	3	1					1
Bryophyta, Äste		119					93					67			
Bryophyta, längliche spitze Blätter															
Bryophyta, sichelförmige Blätter															
Betula sp., Frucht			1					1					1		
Betula sp., Fruchtschuppe			1												
cf. Betula sp., Frucht				1											
Betula cf. nana, Frucht			1												1
Betula cf. nana, Fruchtschuppe			1												
Betula cf. pubescens, Frucht															
Holz-Stücke		21					36				2	52			
Holzkohle-Stücke															
Rinden-Stücke		1													
Zapfen-Stücke									1						
Blatt-Reste												1			
Blütenkelche															
Epidermis-Stücke															
Knospen															
Stengel / Halme									3			5			
cf. Wurzel-Faser															
Cladocera: Ephippium				108					36	20					32
Ei-Fragmente		44		1			39	4				46			
cf. Eier									1	20					
cf. Hülle									5						
Insekten-Reste							3								
Knochenfisch-Wirbel	1														
cf. Kotpillen (? Insekten)							1								
Schneide-Zähne								2							
Trichoptera: Larvenhüllen-Fragm.	1														

0.5 und 0.2 mm Fraktionen hochgerechnet

Probe-Nr.	8.1	8.2	8.3	8.4	8.5	9.1	9.2	9.3	9.4	9.5
Höhe im Profil (m)	4.10 - 4.15					4.20 - 4.25				
Gewicht wassergesättigt (g)	455					463				
Volumen wassergesättigt (ml)	400					400				
Vol. org. Material 0.5 mm / analysiertes Vol. (ml)	45 / 12					55 / 14				
Vol. org. Material 0.2 mm / analysiertes Vol. (ml)	50 / 5					50 / 5				
cf. Asteraceae									1	
Callitriche sp.										
Carex sp. (tricarpellat)			51	116				76	132	
cf. Carex sp. (tricarpellat)										
cf. Carex sp. (tricarp., lang&dünn)										
Carex sp. (bicarpellat)							1			
cf. Carex sp. (bicarpellat)				1						
Characeae, Oogonien										
cf. Cyperaceae				8					20	
Menyanthes trifoliata										
cf. Menyanthes trifoliata										
Myriophyllum alterniflorum									1	
Potamogeton sp.										
cf. Potamogeton sp.				1						
Potamogeton alpinus							1			
Potamogeton berchtoldii			21	38				29	16	
Potamogeton filiformis										
Potamogeton obtusifolius							3			
Potamogeton cf. obtusifolius			2							
Potentilla palustris			1				1			
cf. Potentilla palustris										
Ranunculus Sect. Batrachium			1						1	
Varia - unbestimmte Samen					1		1		1	
Bryophyta, Äste	73					50				
Bryophyta, längliche spitze Blätter										
Bryophyta, sichelförmige Blätter										
Betula sp., Frucht										
Betula sp., Fruchtschuppe			1							
cf. Betula sp., Frucht										
Betula cf. nana, Frucht										
Betula cf. nana, Fruchtschuppe										
Betula cf. pubescens, Frucht										
Holz-Stücke						1				
Holzkohle-Stücke	4					4				
Rinden-Stücke										
Zapfen-Stücke									1	
Blatt-Reste										
Blütenkelche							2			
Epidermis-Stücke										
Knospen										
Stengel / Halme										
cf. Wurzel-Faser										
Cladocera: Ephippium				15						30
Ei-Fragmente	35					41				
cf. Eier										
cf. Hülle										
Insekten-Reste										
Knochenfisch-Wirbel										
cf. Kotpillen (? Insekten)										
Schneide-Zähne										
Trichoptera: Larvenhüllen-Fragm.										

0.5 und 0.2 mm Fraktionen hochgerechnet

Probe-Nr.	10.1	10.2	10.3	10.4	10.5	11.1	11.2	11.3	11.4	11.5
Höhe im Profil (m)	4.30 - 4.35					4.40 - 4.45				
Gewicht wassergesättigt (g)	522					495				
Volumen wassergesättigt (ml)	425					350				
Vol. org. Material 0.5 mm / analysiertes Vol. (ml)	35 / 14					35 / 12				
Vol. org. Material 0.2 mm / analysiertes Vol. (ml)	70 / 5					85 / 5				
cf. Asteraceae										
Callitriche sp.				1					57	
Carex sp. (tricarpellat)			193	283				96	222	
cf. Carex sp. (tricarpellat)										
cf. Carex sp. (tricarp., lang&dünn)									24	1
Carex sp. (bicarpellat)				10					21	
cf. Carex sp. (bicarpellat)									1	
Characeae, Oogonien										
cf. Cyperaceae				43					87	
Menyanthes trifoliata										
cf. Menyanthes trifoliata										
Myriophyllum alterniflorum			1							
Potamogeton sp.			1	2				2		
cf. Potamogeton sp.										
Potamogeton alpinus										
Potamogeton berchtoldii			1					3		
Potamogeton filiformis	1									
Potamogeton obtusifolius	8						16	1		
Potamogeton cf. obtusifolius								10		
Potentilla palustris					1					
cf. Potentilla palustris										
Ranunculus Sect. Batrachium				8					45	
Varia - unbestimmte Samen					1				1	
Bryophyta, Äste			1							
Bryophyta, längliche spitze Blätter										
Bryophyta, sichelförmige Blätter										
Betula sp., Frucht										
Betula sp., Fruchtschuppe										
cf. Betula sp., Frucht										
Betula cf. nana, Frucht										
Betula cf. nana, Fruchtschuppe			1							
Betula cf. pubescens, Frucht										
Holz-Stücke										
Holzkohle-Stücke										
Rinden-Stücke										
Zapfen-Stücke									27	
Blatt-Reste										
Blütenkelche										
Epidermis-Stücke										
Knospen										
Stengel / Halme							35	1		
cf. Wurzel-Faser										
Cladocera: Ephippium				23					270	51
Ei-Fragmente		19					10			
cf. Eier									1	
cf. Hülle										
Insekten-Reste										
Knochenfisch-Wirbel										
cf. Kotpillen (? Insekten)										
Schneide-Zähne										
Trichoptera: Larvenhüllen-Fragm.	1						17			

0.5 und 0.2 mm Fraktionen hochgerechnet

Probe-Nr.	1.1	1.2	1.3	1.4	1.5	2.1	2.2	2.3	2.4	2.5
Höhe im Profil (m)	5.58 - 5.63					5.73 - 5.78				
Gewicht wassergesättigt (g)	775					798				
Volumen wassergesättigt (ml)	685					730				
Vol. org. Material 0.5 mm / analysiertes Vol. (ml)	80 / 14					79 / 14				
Vol. org. Material 0.2 mm / analysiertes Vol. (ml)	80 / 5					160 / 5				
cf. Asteraceae	1	29	10	29				1	17	
Callitriche sp.										
Carex sp. (tricarpellat)		111	133	114			10	65	112	
cf. Carex sp. (tricarpellat)										
cf. Carex sp. (tricarp., lang&dünn)										
Carex sp. (bicarpellat)		7	1							
cf. Carex sp. (bicarpellat)				17			2	17		
Characeae, Oogonien										
cf. Cyperaceae										
Menyanthes trifoliata										
cf. Menyanthes trifoliata										
Myriophyllum alterniflorum		4						1		
Potamogeton sp.										
cf. Potamogeton sp.										
Potamogeton alpinus		1								
Potamogeton berchtoldii										
Potamogeton filiformis										
Potamogeton obtusifolius										
Potamogeton cf. obtusifolius										
Potentilla palustris	2	4	22	74				1	17	
cf. Potentilla palustris		1	2							
Ranunculus Sect. Batrachium										
Varia - unbestimmte Samen		7	2	1			2	1	51	
Bryophyta, Äste	53	329					216			
Bryophyta, längliche spitze Blätter										
Bryophyta, sichelförmige Blätter		10								
Betula sp., Frucht			2					6	56	
Betula sp., Fruchtschuppe										
cf. Betula sp., Frucht								1		
Betula cf. nana, Frucht									23	
Betula cf. nana, Fruchtschuppe										
Betula cf. pubescens, Frucht		4	1						11	
Holz-Stücke	11	577				8	413			
Holzkohle-Stücke		3								
Rinden-Stücke										
Zapfen-Stücke		2	3							
Blatt-Reste		1								
Blütenkelche										
Epidermis-Stücke		5								
Knospen										
Stengel / Halme	14	65	12							
cf. Wurzel-Faser			1							
Cladocera: Ephippium										
Ei-Fragmente		24	38				27	83	67	
cf. Eier			1							
cf. Hülle		2								
Insekten-Reste		11	6				4	14	11	
Knochenfisch-Wirbel										
cf. Kotpillen (? Insekten)		1								
Schneide-Zähne										
Trichoptera: Larvenhüllen-Fragm.		2								

0.5 und 0.2 mm Fraktionen hochgerechnet

Probe-Nr.	3.1	3.2	3.3	3.4	3.5	4.1	4.2	4.3	4.4	4.5
Höhe im Profil (m)		5.83 - 5.88					6.79 - 6.84			
Gewicht wassergesättigt (g)		629					660			
Volumen wassergesättigt (ml)		500					570			
Vol. org. Material 0.5 mm / analysiertes Vol. (ml)		10 / 10					74 / 12			
Vol. org. Material 0.2 mm / analysiertes Vol. (ml)		85 / 5					70 / 5			
cf. Asteraceae			1				13	3	1	
Callitriche sp.										
Carex sp. (tricarpellat)			9	10			24	11	1	
cf. *Carex* sp. (tricarpellat)				1						
cf. *Carex* sp. (tricarp., lang&dünn)										
Carex sp. (bicarpellat)			3	3			74	11	1	
cf. *Carex* sp. (bicarpellat)									1	
Characeae, Oogonien										
cf. Cyperaceae				1						
Menyanthes trifoliata			3				92	54		
cf. *Menyanthes trifoliata*								1		
Myriophyllum alterniflorum										
Potamogeton sp.										
cf. *Potamogeton* sp.										
Potamogeton alpinus										
Potamogeton berchtoldii										
Potamogeton filiformis										
Potamogeton obtusifolius										
Potamogeton cf. *obtusifolius*										
Potentilla palustris										
cf. *Potentilla palustris*										
Ranunculus Sect. *Batrachium*										
Varia - unbestimmte Samen				1			5			
Bryophyta, Äste		3					583			
Bryophyta, längliche spitze Blätter							29			
Bryophyta, sichelförmige Blätter		4					89			
Betula sp., Frucht				1	5					
Betula sp., Fruchtschuppe										
cf. *Betula* sp., Frucht										
Betula cf. *nana*, Frucht							1			
Betula cf. *nana*, Fruchtschuppe										
Betula cf. *pubescens*, Frucht							1			
Holz-Stücke	15	273				5	581			
Holzkohle-Stücke		1					2			
Rinden-Stücke			49							
Zapfen-Stücke		1	26							
Blatt-Reste										
Blütenkelche			1							
Epidermis-Stücke		4		3						
Knospen							1			
Stengel / Halme		1	38				40			
cf. Wurzel-Faser										
Cladocera: Ephippium				1						
Ei-Fragmente		8	82	6			44			
cf. Eier										
cf. Hülle										
Insekten-Reste							29	36		
Knochenfisch-Wirbel										
cf. Kotpillen (? Insekten)				3						
Schneide-Zähne										
Trichoptera: Larvenhüllen-Fragm.		2	2				10	12		

Printed by Books on Demand GmbH, Norderstedt / Germany